本书获延安大学学术专著与教材出版经费资助

近代物理实验

主 编 刘竹琴

北京理工大学出版社
BEIJING INSTITUTE OF TECHNOLOGY PRESS

内容简介

本书是在延安大学物理与电子信息学院多年来使用的《近代物理实验讲义》的基础上,总结近年来教学改革的实践并参考国内外实验教材编写的。全书共有 16 个实验项目,分为两部分,第一部分为绪论和我校多年来开设的 9 个传统实验项目,即密立根油滴实验、电子自旋共振实验、核磁共振实验、夫兰克-赫兹实验、塞曼效应、氢原子光谱、全息照相、单光子计数实验及微波实验;第二部分是供学生选做的实验项目或我校将要开设的实验项目,包括半导体激光器实验、功能材料制备实验、功能材料测试实验、X 射线发射谱实验、全息平面光栅制作、分光光度计、微波铁磁共振共 7 个实验项目。另有 6 个附录和 2 个附表。本书在注重培养学生用实验方法研究物理现象、培养实验技能的同时,重在向学生展现近代物理学发展过程中的重要实验所包含的科学思想、科学方法和科学发展的艰难历程。力求将物理思想与人文精神的融合贯穿于全书之中,也注重对学生的科学兴趣及科学素质的培养。

本书适合作为高等学校理工科本科生和研究生的近代物理实验课程教材或教学参考书,也可供有关学科实验研究人员参考。

版权专有　侵权必究

图书在版编目（CIP）数据

近代物理实验/刘竹琴主编. —北京：北京理工大学出版社，2014.8（2020.1 重印）

ISBN 978-7-5640-9393-8

Ⅰ. ①近… Ⅱ. ①刘… Ⅲ. ①物理学-实验-高等学校-教材 Ⅳ. ①O41-33

中国版本图书馆 CIP 数据核字（2014）第 192774 号

出版发行 / 北京理工大学出版社有限责任公司

社　　址 / 北京市海淀区中关村南大街 5 号

邮　　编 / 100081

电　　话 /（010）68914775（总编室）
　　　　　82562903（教材售后服务热线）
　　　　　68948351（其他图书服务热线）

网　　址 / http://www.bitpress.com.cn

经　　销 / 全国各地新华书店

印　　刷 / 北京虎彩文化传播有限公司

开　　本 / 710 毫米 × 1000 毫米　1/16

印　　张 / 12.5

字　　数 / 204 千字

版　　次 / 2014 年 8 月第 1 版　2020 年 1 月第 2 次印刷

定　　价 / 34.00 元

责任编辑 / 张慧峰
文案编辑 / 张慧峰
责任校对 / 周瑞红
责任印制 / 王美丽

图书出现印装质量问题,请拨打售后服务热线,本社负责调换

前 言

"近代物理实验"是继"普通物理实验"之后为高年级学生开设的一门综合性较强的实验学科。与普通物理实验不同,近代物理实验所涉及的物理知识面广,具有较强的综合性与技术性,它在培养学生的独立工作能力、学习如何用实验的方法与技能、配合理论课程掌握近代物理主要领域中的新概念方面起着重要的作用。近代物理实验可以丰富和活跃学生的物理思维,锻炼他们对物理现象的洞察能力,引导他们了解物理实验在物理学发展过程中的作用,正确认识新物理概念的产生、形成和发展过程。学习近代物理中的一些常用的实验方法、实验技术及仪器的使用,可进一步培养正确和良好的实验习惯以及严谨的科学作风,使学生获得一定程度的用实验方法和技术研究物理现象及规律的独立工作能力。

本书重在向学生展现近代物理学发展过程中的重要实验所包含的科学思想、科学方法和科学发展的艰难历程,力求将物理思想与人文精神的融合贯穿于全书之中,注重对学生的科学兴趣及科学素质的培养。

本书是根据面向21世纪物理实验教学内容与课程体系改革的精神,为培养重基础、宽口径、高素质、强能力的复合型人才,参照延安大学多年使用的《近代物理实验讲义》编写而成。

全书由刘竹琴老师负责编写定稿。

本书虽由刘竹琴老师执笔编写,但实际上是一项在继承基础上的集体创作,融入了不少老同志的贡献。实验课的教材和教学离不开实验室的建设和发展,无论是实验项目的筹建、准备和开出,还是教材的编写,都是实验室全体任课教师和实验技术人员多年辛勤劳动的成果,是集体智慧的结晶,在此对关心和支持本书编辑的所有同志表示衷心的感谢。本书在编写过程中参考了许多兄弟院校的教材,甚至引用了其中的某些内容,在此表示衷心的感谢。本书还得到了陕西省高水平大学建设专项资金资助项目(物理学2012

SXTS05）的资助，在此也表示衷心感谢。

本书在编写过程中，虽然做了许多调查和探索，但由于编者水平有限，书中难免出现错误和不足之处，恳请使用本书的读者和专家提出批评和建议。

编　者

目 录

绪 论 ·· 1
   第一节　近代物理实验简介 ··· 1
   第二节　近代物理学相关发展史 ······································· 5
   第三节　误差与数据处理 ·· 19

实验 1　密立根油滴实验 ··· 26
实验 2　电子自旋共振实验 ·· 34
实验 3　核磁共振实验 ··· 44
实验 4　夫兰克-赫兹实验 ··· 54
实验 5　塞曼效应 ·· 63
实验 6　氢原子光谱 ·· 72
实验 7　全息照相 ·· 78
实验 8　单光子计数实验 ··· 86
实验 9　微波实验 ·· 103
实验 10　半导体激光器实验 ·· 115
实验 11　功能材料制备实验 ·· 124
实验 12　功能材料测试实验 ·· 131
实验 13　X 射线发射谱实验 ·· 136
实验 14　全息平面光栅制作 ·· 147
实验 15　分光光度计 ··· 151
实验 16　微波铁磁共振 ··· 160

附 录 ·· 165
   附录Ⅰ　OMWIN Ver 1.4 使用说明 ································ 165

附录Ⅱ　倍增管处理系统 ·· 166
   附录Ⅲ　全息照相术简介 ·· 173
   附录Ⅳ　磁共振现象中"尾波"的讨论 ····································· 174
   附录Ⅴ　平板剪切法检查光束的不平行度 ································· 177
   附录Ⅵ　复合光栅的制作 ·· 177

附　表 ·· 179
   附表Ⅰ　物理基本常数 ·· 179
   附表Ⅱ　历届诺贝尔物理学奖获得者 ····································· 180

参考文献 ··· 189

绪 论

第一节 近代物理实验简介

近代物理实验是继普通物理实验和无线电电子学实验之后的一门重要的实验课程,是为大学高年级学生开设的专业基础课。本课程所涉及的物理知识面较广,具有较强的综合性和技术性。物理学发展的事实说明,物理学是一门实验科学,重要的实验往往是新兴科学技术的生长点。在人们进行生产实践的背景下,实验—理论—实验相互促进,使物理学和其他科学技术得到长足的进步。

做近代物理实验,学生往往要用比做普通物理实验更多的时间进行实验前的准备及实验数据的处理和分析。因为近代物理实验有一定的难度,亦有它自身的特点。常有少数同学达不到课程要求,许多学生往往是因为不懂得如何做好实验或思想上对实验能力和素质的训练缺乏正确的认识。下面阐述一下本课程的任务、基本要求、教学内容和学习方法等几个方面的问题。

一、课程的目的和任务

物理学是以实验为基础的科学。物理实验在物理学发展史上占有重要的地位。近代物理实验不同于普通物理实验,是一门涉及知识面较广、综合性和技术性较强的实验课,在整个物理专业实验教学中具有承上启下的作用。从近代物理学的主要领域选取一些在物理学发展史中起过重要作用的著名实验以及在实验方法和实验技术上具有代表性的实验进行教学,可丰富和活跃学生的物理思想,培养学生对物理现象的观察能力和分析能力,引导学生了解实验在物理学发展过程中的地位和作用,学习近代物理中一些常用的实验方法和现代物理测试技术,进一步培养良好的实验素养和严谨的科学作风,使学生获得一定的用实验方法和技术研究物理现象和规律的独立工作能力。

二、课程教学的基本要求

（1）学生得到实验素质的培养和实验技能的训练。通过基本实验理论的深入学习，使学生养成正确地采集实验数据、处理数据、分析结果导出正确结论的习惯，养成严谨的科学作风；通过适当数量的不同类型的实验项目的训练，培养学生的动手、动脑能力，提高学生的实验技能。

（2）学生充分认识、深刻体会物理实验在物理学的发展中，在社会与科学的进步中的重要地位与作用。培养学生实事求是、严肃认真的科学态度与刻苦钻研、坚韧不拔的工作作风。学习深入洞察事物，正确遵从物理规律，进行敏锐思维的科学精神。

（3）强化知识的系统化、综合化训练，促进理论与实践的结合。通过适当数目的典型实验项目的深化教学，起到对所学的多分支物理知识的有机链接与系统化的作用，从而加深对所学知识的理解。懂得物理规律的认识与数学、电子学等许多学科知识是密不可分的，要进行多学科知识的综合训练。学会用正确的理论为指导、设计正确的实验方案，选用恰当的仪器设备并进行正确的操作，掌握理论与实际相结合的科学工作过程。

三、课程教学内容及特点

（1）近代物理以量子论的建立为标志，量子力学的发展与原子物理有着密切的联系。原子物理实验是近代物理实验课程选题的重要组成部分，其中有些是物理学发展史上的著名实验。这些实验提供学生亲自研究近代物理学中一些基本物理现象和规律的机会，亲自动手测量一些基本物理量，做好这些实验有助于学生了解如何利用实验手段研究物理现象与规律，加深对物理概念和理论的理解，并认识物理实验在物理学发展史中的地位和作用。

（2）近代物理实验综合性较强，它要求学生运用涉及物理学许多领域的知识和实验技术。学生在普通物理实验中使用过的仪器如示波器、真空泵等，在本课程中还需进一步熟练并灵活地运用。在本课程中还将接触一些比较精密的、近代物理研究中常用到的测试仪器和技术，如 X 射线衍射技术、微波测试技术、磁共振技术等。通过实验进行科学实验技能、特别是正确选用和使用基本仪器设备能力的培养。

（3）实验误差与数据处理是一个重要的训练内容。实验课中学生要在普通物理实验训练的基础上，提高分析实验系统误差和随机误差的能力，用简明的方法有条理地表达数据，科学地处理数据，正确地表达实验结果，还要学习对大量数据进行理论曲线拟合的方法。

（4）电子计算机在科学研究、现代管理和生产流程、工艺控制等方面应用越来越广泛。将计算机引入物理实验，大大提高了测量精度和实验自动化的程度。

四、学习方法

（1）在近代物理实验的选题中，有许多历史上著名的实验。成功地做出这些实验的第一个物理学家（有的实验就是以他们的名字命名的）以坚韧不拔的精神，经历了长期的努力。这些典型的实验已被重复过成千上万次，一个真正的物理学家正是从重复这些人所共知的实验开始训练出来的。历史事实证明，一个新的物理现象的发现往往需要物理学家从成千上万个几乎相同的物理现象中发现具有新鲜的、差别微小然而也可能是本质不同的性质。这种对物理现象的洞察能力是物理学家取得成功的极其可贵的素质。

实验课和理论课不同，主要靠学生自己动脑思考、动手操作。近代物理实验课中许多选题是需要学生自己做好实验准备的。特别是有些选题是三年级学生在理论课中没有涉及的内容，需要学生自己学习。所以实验前一定要认真阅读有关资料，努力做好实验前理论的各种准备：弄明白命题的目标，实验的物理思想，实现的方法，所用的公式，需要什么仪器及其精确度以及关键的实验步骤等。总之，一个有科学头脑的、善于且勤于学习的学生，应将大量时间花在实验前的准备上。

（2）学生通过实验课要锻炼自己设计实验和选用仪器的能力。一个物理现象或物理规律需要用实验方法予以实现；物理量需要通过一定的仪器来测量；实验结果要达到一定的精确度需要各种仪器精确度的配合。用成套的仪器测量所需要的全部实验结果的机会在现实生活中是很少的。一个新的物理现象的发现往往没有现成成套的仪器可以利用。所以设计实验和选用仪器的能力是进行科学研究工作、解决实际问题必须具备的能力。

（3）原始记录是实验中获得的物理信息的最重要、最珍贵的资料。每个学生必须准备实验数据原始记录纸。实验前设计好记录表格，严肃认真地记录一切现象和数据，不要涂改或撕掉。不要怕记了"坏数据"，只有通过对数据的分析才能确定是否需要对实验仪器或实验操作进行改进。

五、实验课的进行程序

1. 实验预习

实验前进行预习。通常包括弄清命题目标、实验的物理思想、所用公式、需直接测量的物理量和记录数据的表格等。不做预习就不得动用仪器，这是实验课的纪律。

2. 进行实验

完成充分预习后，指导教师要对部分内容讲解，并特别强调注意事项，经指导教师允许后，方可进行操作。

3. 书写实验报告

实验报告的内容通常包括：实验题目、实验仪器、实验原理、实验步骤、数据记录、数据处理、表达结果、误差分析、对结果进行讨论等。

六、实验室安全知识

安全操作是实验室全体工作人员以及实验人员应予以足够重视的问题。

1. 电气

除220 V的供电外，许多实验设备（如各种放电管、激光管、X射线衍射仪等），均使用从400 V到40 000 V不等的高压电源。这些高压电都是能致命的，一定要注意实验中各种高压电器的标志。实验前在确认断电的情况下先检查地线，接好高压线后再连接供电线（有的仪器不必另外接高压线，应先接通低压电源再开高压开关），用完后一定要将高压降下来再断电。作为一个常识，接高压线或高压开关，只能用一只手操作。

射频电磁波能够通过小电容器耦合。接触高频高电压器件的任何部分都是危险的。因为人体起着接地电容器的一个板极的作用。例如高频火花发生器约20 MHz，你的身体对地电容的作用几乎像一根电线连到水管上一样，所以要严格遵守操作规程。

需要打开仪器外壳时，一定要先拔掉电源插头！

2. 防辐射

γ射线和X射线都能伤害人体。实验中已采取了必要的防护措施。一次实验接触和吸收的剂量是微量的，对身体并无妨碍。但即使这样，也应该尽量避免直接接触放射线。

在调整X射线仪时，不要让X射线直接照射眼睛。不用的窗口要用铅板遮盖，并加防护罩。因为高压使空气电离产生臭氧和N_2O，实验室内要有良好的通风。

激光能使人产生灼伤。小功率激光管发射的激光也不能直接照射眼睛。因为人眼就像一个小透镜，它将光斑聚焦在眼底，局部能量将增大许多倍。

3. 机械

在转动机械装置旁工作，要将头发束好。有过长的头发、过宽的裤腿和飘动的衣裙等都不适宜在转动机械旁工作。

4. 低温

有的实验要接触液氮。直接接触易使皮肤局部冻伤,但主要危险来自残存液体蒸发使密闭容器爆炸,抛出玻璃碎片,所以要将容器充足液体。容器不用时,要让残存液体顺利地自然蒸发。

5. 仪器

仪器损坏的主要原因来自学生违反操作规程。其中又以接错电源占多数。所以学生一定要在接线路时谨慎一些,弄清楚输入、输出电压以后再连线。对不做预习、违反操作规程、严重损坏实验设备的学生均要做处理,直至取消实验资格。我们希望不要出现这种情况,所以同学们要认真做好实验前的准备工作,用科学的态度和踏实的作风完成实验课的学习任务。

第二节 近代物理学相关发展史

一、经典物理学发展概况

1. 经典力学的建立与完善

牛顿(Isaac Newton,1643—1727)早在1666年就有了我们称之为"万有引力"的思想。在此后的二十余年中,牛顿为了证明自己的结论,对月球绕地球的运动做了极其认真的观察,在他的朋友哈雷(Edmund Halley,1656—1742)的鼓励下,他于1685—1686年写了《自然哲学的数学原理》。它标志着物理学的真正诞生。

牛顿澄清了自亚里士多德以来一直含混不清的力和运动的观念,明确了时间、空间、质量、动量等基本的物理概念。他以运动三定律和万有引力定律为主线,以他发明的微积分为工具,巧妙地构造出他的力学体系。

图 0-1 牛顿

牛顿力学既成功地描述了天上行星、卫星、彗星的运动,又完满地解释了地上潮汐和其他物体的运动。在牛顿之前,还没有一个关于物理因果性的完整体系能够表示经验世界的任何深刻特征。

牛顿力学的辉煌成就,使其得以决定后来物理学家的思想、研究和实践的方向。《自然哲学的数学原理》采用的是欧几里得几何学的表述方式,处理的是质点力学,以后牛顿力学被推广到流体和刚体,并逐渐发展成严密的解析形式。拉格朗日(Joseph Louis Lagrange,1736—1813)1788年的《分析力学》和拉普拉斯(Pierre Simon Marquis de Laplace,1749—1827)的《天体力学》是经典力学的顶峰。到18世纪初期，经典力学已经成为当时的科学建筑群中无与伦比的建筑。

2. 经典物理学的发展

经典力学成为科学解释的最高权威和最后标准。而且直到19世纪末，它一直充当着物理学家在各个领域中的研究纲领。人们普遍认为，经典力学是整个物理学的基础，只要把经典力学的基本概念和基本原理稍加扩充，就能够处理面临的一切物理现象。

声学在早期几乎是独立地发展的，自牛顿以后，力学原理首先被顺利地应用于声学研究，声音被看作在弹性介质中传播的机械振动。热学是继经典力学之后发展起来的又一个成功的理论体系。热现象的研究起初是以"热质"这一力学模型为先导的。19世纪中叶，克劳修斯（Rudolf Emanuel Clausius，1822—1888）、麦克斯韦（James Clerk Maxwell，1831—1879）、玻耳兹曼（Ludwig Boltzmann，1844—1906）等人利用统计方法，把热学的宏观物理量归结为与之对应的微观分子或原子运动的统计平均值。就这样，热力学以及统计力学先后在经典力学的基础上形成了。

光学也是如此，牛顿本人一开始就把他的力学观念用于光学，他假定光是由惯性微粒组成的，以此解释已知的光学现象。虽然牛顿以后的200年间一直交织着微粒说和波动说的斗争，但是在牛顿运动定律应用到连续分布的媒质以后，甚至连光的波动论也不得不求助于这些定律。19世纪初，逐步发展起来的波动光学体系已初具规模，其中以托马斯·扬（Thomas Young，1773—1829）和菲涅耳（Augustin Jean Fresnel，1788—1827）的著作为代表。他们两人都把以太看作传播光振动的实体。菲涅耳弄清楚光是横波，因此光以太必须具有传播横波媒质那样的弹性，从力学角度讨论这种弹性体的振动，必然能够用数学方法推导出光学定律。尽管以太在性质上还有不甚明确之处，但是它作为光现象的媒质，在相当长一段时间内并未引起根本的异议。

电磁现象的早期研究是在"电流体"和"磁流体"两种力学模型的前提下进行的。库仑（Charles Augustin de Coulomb，1736—1806）1785年所做的著名的扭秤实验，虽然确定了电荷之间作用力与距离平方的反比关系，但他对自己的主张并未提出足够的证据，因为当时还没有电荷的量度，库仑定律本身就是对万有引力定律的类比。后来，法拉第（Michael Faraday，1791—1867）、麦克斯韦、赫兹（Heinrich Hertz，1857—1894）在电磁学的发展史上谱写了动人的三部曲。1831年，法拉第发现了电磁感应定律，并首次把"场"这一崭新的概念引入物理学。1864年，麦克斯韦把法拉第等人的研究成果概括为一组优美的偏微分方程式,并由此预言存在着电磁波,其传播速度等于光速,而光不过是波长在某一狭小范围内的电磁波。1887年,赫兹用实验证实了电磁波,弄清楚电磁波和光波一样,也具有波动性。已经十分习惯于力学模型的物理学家同样寄希望于臆想出的媒质电磁以太,认为它与光以太一样,弥漫于整个空间,电磁波正是通过以太的振动传播的。

19世纪末期,物理学理论在当时看来已发展到相当完善的阶段。那时,一般的物理现象都可以从相应的理论中得到说明:物体的机械运动在速度比光速小得多时,准确地遵循牛顿力学的规律;电磁现象的规律被总结为麦克斯韦方程;光的现象有光的波动理论,最后也归结到麦克斯韦方程;热现象理论有完整的热力学以及玻耳兹曼、吉布斯等人建立的统计物理学。在这种情况下,当时有许多人认为物理现象的基本规律已完全被揭露,剩下的工作只是把这些基本规律应用到各种具体问题上,进行一些计算而已。

二、近代物理学的发展

1. 经典物理学遇到的困难

这种把当时物理学的理论认作"最终理论"的看法显然是错误的,因为"在绝对的总的宇宙发展过程中,各个具体过程的发展都是相对的,因而在绝对真理的长河中,人们对于在各个一定发展阶段上的具体过程的认识只具有相对的真理性"。

19世纪末,大量为经典物理学理论所无法解释的实验事实,即所谓的"反常现象"涌现出来。例如黑体辐射、光电效应、原子的光谱线系以及固体在低温下的比热等,都是经典物理理论所无法解释的。这些现象揭露了经典物理学的局限性,突出了经典物理学与微观世界规律性的矛盾,从而为发现微观世界的规律打下基础。黑体辐射和光电效应等现象使人们发现了光的波粒二象性;玻尔(Bohr)为解释原子的光谱线系而提出了原子结构的量子论,由于这个理论只是在经典理论的基础上加进一些新的假设,因而未能反映微观世界的本质。由此更突出了认识微观粒子运动规律的迫切性。直到20世纪20年代,人们在光的波粒二象性的启示下,开始认识到微观粒子的波粒二象性,才开辟了建立量子力学的途径。

像所有的科学发展的过程一样,物理学的发展过程也是一个充满着矛盾和斗争的过程。一方面,新现象的发现暴露了微观过程内部的矛盾,推动人们突破经典物理理论的限制,提出新的思想、新的理论;另一方面,不少的人(其中也包括一些对突破经典物理学的限制有过贡献的人),他们的思想不能(或不完全能)随变化了的客观情况而前进,不愿承认经典物理理论的局限性，总是千方百计地企图把新发现的现象以及为说明这些现象而提出的新思想、新理论纳入经典物理理论的框架之内。

2. "紫外灾难"和普朗克量子论的提出

金属物体在加热时会改变颜色，这是一个普通常识。例如，铁棍加热时开始会发出暗暗的红光，然后是樱桃红，然后便是明亮的橘红或黄色。最后铁会熔化，但是如果所用的不是铁棍而是密封在一真空或惰性气体环境中避免与空气发生化学反应的一段钨丝的话，这段金属丝的温度能够升至相当高。钨丝越热，放出的光的颜色变化就越多，结果其颜色会从鲜黄转为白炽。如果钨丝封闭在一玻璃灯泡中通电加热，我们便得到一盏白炽灯。实际上，所放出的还不仅是一种光色，而是各种不同强度的光色带。白炽灯泡中白炽状态的钨丝会放出紫、蓝、绿、黄、橘黄和红色（以及它们之间的所有的颜色）。这包括我们可以看到的光以及那些我们看不到的电磁光谱的"颜色"，如红外线及紫外线。

研究表明，高温中电磁辐射的最佳或最理想的辐射体同时也是最佳的辐射吸收体。能够很容易地吸收所有光频率（颜色）的物体表面，也可以很容易地发射各种频率的光。因此，最佳辐射体应该具有黑色的表面。此外，白色（即使一个普通反射的物体）表面既不能很好地吸收也不能很好地辐射。

怎样才能做出一个真正的黑色表面呢？对于这个问题来说黑色表面究竟又意味着什么？一个真正的黑面应该是绝对没有任何入射光能够从之逃离的一种表面。任何用来照射这种表面的光都不能被看到。考虑一下一种空心体，其上的一个小孔使其内部与外部表面相联通，这样我们便可设想出这样一种黑色表面，如图0-2所示。任何入射到小孔的光都会透入内部，并且尽管该光可能会从内壁反射多次，但它不会找到回路从小孔逸出。代表理想的辐射吸收体的"表面"正是这个"小孔"。而另一方面，如果空腔的内壁受到加热。来自小孔的辐射将会与理想的辐射发射体所发射的辐射一致。这样，

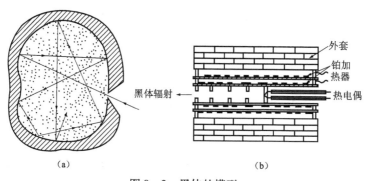

图0-2 黑体的模型

该理想辐射体或黑体辐射体也被称为空腔辐射体。做出一个"近似"于空腔辐射体的方法是,在壁炉口的上方牢固地安上一个钻有一个小孔的不透明的罩。壁炉内燃着大火,该孔洞便是黑体的"表面"。

19 世纪的最后几年,由于实验方法的改进,使人们得出以下几点结论:

(1) 黑体辐射发出具有多种波长(或频率)的电磁波(波长越短,能量越大),这个现象说明黑体辐射发出的能量存在着从小到大的分布,它仅与温度有关而和黑体是什么物质无关;

(2) 如果把能量分布与波长(或频率)的关系作图(图 0 – 3)表示出来,得到的是一条在波长很长和波长很短的方向都趋于零的曲线,曲线有个高峰(即极大值),表明在那个波长辐射出的能量最多,即能量分布最大;

(3) 温度越高,曲线上的高峰向波长短的方面移动,即向能量大的方面移动,这就是维恩(Wilhelm Wien,1864—1928)位移定律,这个定律可以表述为:波长的极大值和绝对温度的乘积为一常数,或频率的极大值和绝对温度成正比。

维恩在 1893 年利用麦克斯韦和波尔兹曼的统计思想,从理论上推导出黑体辐射能量分布的公式,在波长较短的范围内与实验结果吻合得较好,随着波长的增加,其理论推导的结果与实验的偏差越来越大。这表明从古典物理学推导出的结论并不能圆满地解释黑体辐射能量分布的事实。

瑞利用古典物理学的原理,做了另一种尝试,在金斯(James Hopwood Jeans,1877—1946)的修正下,得出了另外的数学表达式,这个表达式最初发表于 1900 年。和维恩做出的结果相反,这个数学表达式在波长较长的范围内与实验结果吻合得较好,而随着波长的变短,辐射能趋于无限大:这是不可想象的,同时也是与事实不符的:波长变短意味着从可见光的波段向紫外方面移动,因此它被称为"紫外灾难"(图 0 – 4)。

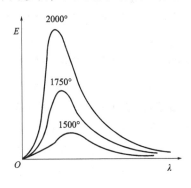

图 0 – 3 维恩位移定律图

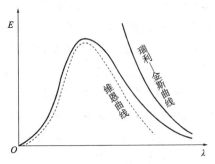

图 0 – 4 瑞利 – 金斯曲线、维恩曲线与实验曲线的偏离

无论是维恩还是瑞利和金斯,他们的失败都意味着古典物理学在解释黑体辐射的能量分布问题上的无能为力。这就是普朗克(图 0-5)在 1900 年前后所面对的形势和矛盾。要想圆满地解释这些,必须抛开古典物理学的一些传统观念,开辟一条新的道路。这里所说的古典物理学,不仅指牛顿力学,还包括在 19 世纪得到惊人发展的热力学、统计物理学以及电磁学。

图 0-5　普朗克

黑体辐射的问题是普朗克在 1900 年引进量子概念后才得到解决的。普朗克假定,黑体以 $h\nu$ 为能量单位不连续地发射和吸收频率为 ν 的辐射,而不是像经典理论所要求的那样可以连续地发射和吸收辐射能量。能量单位 $h\nu$,称为能量子,h 是普朗克常数,它的数值是 $h = 6.625\ 59\ (16) \times 10^{-34}$ J·s。基于这个假定,普朗克得到了与实验结果符合得很好的黑体辐射公式:

$$\rho_\nu d\nu = \frac{8\pi h\nu^3}{c^3} \cdot \frac{1}{e^{\frac{h\nu}{kT}} - 1} d\nu$$

式中,$\rho_\nu d\nu$ 是黑体内频率在 ν 到 $\nu + d\nu$ 之间的辐射能量密度,c 是光速,k 是玻耳兹曼常数,T 是黑体的绝对温度。普朗克的理论开始突破了经典物理学在微观领域内的束缚,打开了认识光的微粒性的途径。

能量在物理学中一向被认为是连续地传递的,在普朗克以前没有任何人怀疑过这一点,能量的连续性和物质的原子(粒子)性质是古典物理学中牢不可破的传统观点。普朗克在做出"量子论"的结论之前已处于这种时期。虽然在此后相当长的时期内普朗克仍然致力于"消除鸿沟"或"搭桥"的工作,然而物理学的新的革命时期毕竟从此开始了。用原子观点来看,"量子论"只不过是能的"原子化";用量子论的观点来看,原子只是物质"量子化"的结果。波是粒子,粒子又可以是波,古典物理学不能说明这些"颠倒"和"混乱",物理学必须冲破旧思想的束缚,进行一场前所未有的革命,这也就是为什么在"量子论"提出来之后的一定时期内,深受传统束缚的包括普朗克在内的老一辈物理学家迟迟不能接受这个新观点的原因。1918年,普朗克因发现基本量子,提出能量量子化的假说,解释了电磁辐射的经验定律,获得了诺贝尔物理学奖。同时,普朗克的这一理论被公认为量子论的开端。

3. 光电效应和爱因斯坦光量子理论

普朗克的理论刚发表时,物理学家们都无法接受,连普朗克本人好像也被自己的理论吓坏了,在很长一段时间内,他试图使量子概念纳入经典物理的理论框架,当然这是徒劳的。就在普朗克徘徊不定的这段时间内,年轻的爱因斯坦却应用了他提出来的光量子概念于1905年成功地解释了光电效应。

光电效应最初是由赫兹(Henrich Hertz)在1887年首次发现的,当时他正在从实验上证实麦克斯韦电磁辐射理论。光电效应所基于的主要事实是,在真空中放有两个金属板,当其中的一个被光照射时,可以导致电流穿过两金属板之间的空白空间,而不需要在其间连接导线。实验证明,两个极板之间的电流由物质微粒组成,这些物质微粒带有负电荷,起源于阴极,以加速度向阳极运动。这些物质微粒就是电子(由英国物理学家 J·J·汤姆孙在1897年发现)。

1900年,勒纳德也用磁偏转测量出光电流的荷质比。由于他创造了一种独特的测量方法,使光电效应的研究取得了重大成果。其实验装置如图0-6(a)所示,当入射光照到清洁的金属表面(阴极 K)就有电子发射出来,若有些电子射到阳极 A 上,外电路上就有电流通过。阳极相对于阴极的电势可正可负,以使到达阳极的电子数增加或减少。

图0-6(b)表示两种强度不同的入射光照射到阴极 K 上,测得的电流与电压的关系曲线。当阳极 A 电势高于阴极 K 时,电子被吸引到阳极上,当电压值 U 足够大时,K 极上所有发射出的电子全部到达阳极,因而电流达到它的最大值。勒纳德观测到此最大的饱和电流与入射光强度成正比,并且创造了一种实验方法,用加反向电压的方法来测电子的最大速度,从而得到反向电压(又称遏止电压)与入射光光强无关,即电子离开金属极板的最大速度与光强无关的结论。从图0-6(b)看出,不同光强的遏止电压均为 $-U_0$,这结论与经典理论显然相矛盾,按照经典理论,当光束强度增大时,作用在电子上的力也增大,因此光电子的动能也增大,而且按照经典理论,光是一种电磁波,它的能量是连续的,当照射光不太强时,只要有足够长的时间照射,电子也可以积累到逸出金属表面所必需消耗的能量,但实验事实却不然,要么电子不能逸出金属表面,不管照射多久,要么一经照射,就立即有电子

从金属表面逸出，根本不需要延迟时间（至多为 10^{-9} s 的数量级）。

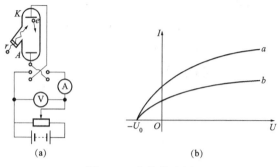

图 0-6　位能势垒图

其实，在这以前，已经遇到了不止一个类似的矛盾，例如：

（1）光的频率低于某一临界值时，不论光多强，也不会有光电流产生，可是据经典理论，应该没有频率限制。

（2）光照到金属表面，光电流立即产生，可是据经典理论，电子要有一个能量积累过程。

看来，经典理论非得有一番改造才行了。

然而，勒纳德却想出了一个修补的办法，企图在不违反经典理论的前提下，对上述事实做出满意的解释。他在 1902 年提出了一个所谓触发假说，即：在发射过程中，光起的作用只是触发一种运动，这种运动本来就以全速存在于物体原子内部。他把光电效应看作一种共振现象，光只起开闸作用，照到原子上，只要光的频率与电子本身的振动频率相同，就触发了它，使它以原来在原子内部的速度逸走。在他看来，原子中的电子也许只有几种振动频率，所以频率合适的光才能起触发作用。

既然电子逸出的速度就是它在原子内部本来的速度，于是勒纳德建议，光电效应可能是了解原子结构的一种重要途径。勒纳德这一触发假说影响颇大，很容易被人们接受，有人竟声称实验证实了勒纳德的理论。再加上当时勒纳德声望很高，这就使正确解释光电效应的爱因斯坦处于逆境，长期不为公众理解。1905 年爱因斯坦提出光量子理论，勒纳德也正好在这一年获诺贝尔物理奖，那时爱因斯坦还没有当上专利局的二级技术员呢。

爱因斯坦的光量子理论是在普朗克的量子假说基础上发展得到的。爱因斯坦总结了光学发展中微粒说和波动说长期争论的历史，揭示了经典理论在许多实验事实面前的困境，提出只要把光的能量看作是不连续分布的，即一份一份地集中在光量子（或称光子）上，就可以解释这些现象。这些现象包括：光致发光、光电效应、电离等。1905 年，他在《关于光的产生和转化的一个启发性观点》一文中阐述了这一思想。对于光电效应,爱因斯坦根据能量转化与守恒原理提出一个方程:$eV = h\nu - W$,其中 e 为电子电荷,V 为遏止电压,eV 等于电子逸出金属表面的最大动能,h 为普朗克常数,ν 为光的频率,W 为电子逸出金属表面需做的功。这个方程也叫爱因斯坦光电方程。它不但解释了电子的最大速度与光强无关,还预言了遏止电压 V 与频率 ν 之间的线性关系。

爱因斯坦的光量子理论没有及时地得到人们的理解和支持,当然不完全是因为勒纳德的错误主张。其实,勒纳德的触发假说到了 1911 年被他自己的实验驳倒。爱因斯坦光量子理论提出之初所受到的冷遇更主要的是因为经典理论的传统观念束缚了人们的思想,他提出遏止电压与频率成正比的线性关系,还没有人做出过全面的实验验证,因为要测量不同频率下纯粹由光辐射引起的微弱电流并不是一件容易的事。

精确测量光电流,困难主要在于许多干扰因素难以排除。测量的电极应置于高真空的洁净环境中,电极表面有接触电位差,氧化膜会影响实验结果,单色光很难获得等。所以,关键在于排除干扰、做出精确可靠的实验,找到遏止电压和辐照频率之间的关系。

围绕着这些问题有许多人进行研究,其中美国物理学家密立根(Robert Millikan)工作得最为出色。他设计了一个特殊的真空管,在这个管子里安装了相当精巧的实验设备,其外形见图 0-7 所示。密立根在自己的论文中这样描述他的真空管:

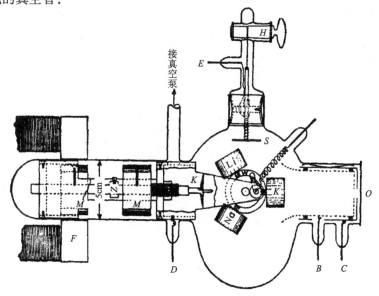

图 0-7 密立根光电实验装置

"实验样品固定在小轮上,小轮可以用电磁铁控制,所有操作都是借助于装在外面的可动电磁铁来完成。随着操作的需要,真空管的结构越来越复杂,到后来可以说它简直成了一间真空的机械车间。所有的真空管都要进行这样几步操作:

(1) 在真空中排除全部表面的全部氧化膜;

(2) 测量消除了氧化膜的表面上的光电流和光电位。"

密立根的装置极为精巧,实验安排得十分周到,使他终于对爱因斯坦的光电方程进行了全面的验证,甚至可以求出普朗克常数 h。密立根根据钠的曲线求出 $h = 6.56 \times 10^{-34}$ J·s,与普朗克 1900 年从黑体辐射求得的 h 值 6.55×10^{-34} J·s 符合得极好。

正是由于密立根 1916 年发表的实验结果全面地证实了爱因斯坦光电方程,光量子理论才开始得到人们的承认。1921 年和 1923 年,他们两人先后获得了诺贝尔物理学奖。

4. 放射现象与原子核物理学的诞生

1895 年 11 月 8 日到 12 月 28 日,德国物理学家伦琴(Wilhelm-conrad Röntgen,1845—1923)在研究阴极射线时发现了具有惊人贯穿能力的 X 射线。对于普通光线不透明的纸、木头、铝和许多其他物质,对于新的辐射却是透明的。对于动物组织是透明的而对于骨骼是不透明的。这一事实使得给人的骨架进行照相成为可能,这种照相所得到的底片具有阴影图像的性质(图 0-8)。新射线的本性当时是不知道的,伦琴称它们为"X 射线",但人们通常并且更恰当地称它们为"伦琴射线"。X 射线的发现引起了人们的轰动。另外,X 射线在医疗上也具有巨大的实用价值。伦琴由于 X 射线的发现而成为世界上第一个荣获诺贝尔物理学奖的人(诺贝尔奖于 1901 年首次颁发)。

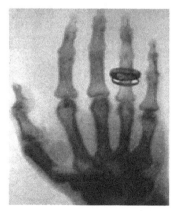

图 0-8 X 线片(伦琴夫人的手)

J·J·汤姆孙还研究了"阴极射线"在磁场和电场中的偏转,并于 1897 年得出结论:这些"射线"不是以太波,而是物质粒子。"这些粒子是什么呢?它们是原子还是分子?还是处在更精细的平衡状态中的物质?"他做了比值 m/e 的测定,其中 m 是每个微粒的质量,e 是每个微粒所带的负电荷。他发现这个比值和气体的性质无关,并且它的值 1×10^{-7} 比起电解质中氢离子的值 1×10^{-4} 这个以前已知的最小量要小得多。

1896 年法国物理学家贝克勒尔在一个偶然的机会中发现含铀矿物会放出穿透力很强的射线。后来,波兰裔的法国物理学家玛丽·居里深入研究了贝克勒尔的发现,把铀的这种自发放出射线的性质称作"放射性"。居里夫妇一起进行了多年极为艰苦的研究,终于发现了两种新的放射性元素"钋"和"镭"。贝克勒尔和居里夫妇的研究表明,放射性元素在各种物理作用下,或者对它们进行化合、分解等化学作用,都无法改变它们的放射性强度。由此他们意识到放射性现象一定发生在原子内部,以致任何物理或化学条件的改变,都不能影响这种性质。

与此同时,卢瑟福发现铀放射出来的射线是多种多样的。通过在磁场作用下所发生的偏转方向和偏折程度,卢瑟福判定有一种射线由带正电荷的、质量较大的微粒组成,他把它称作 α 射线,组成 α 射线的微粒就叫 α 粒子。另一种射线由带负电荷的、质量很小的微粒所组成,分别称之为 β 射线和 β 粒子。第三种射线不带电,被称为 γ 射线,后来的实验证明,它与 X 射线一样,也是短波长的电磁波。

放射现象的发现,预示着原子本身一定有一个复杂的结构。

X 射线的发现和放射性的研究撼动了 19 世纪一些传统的科学观念,引起了极大的轰动。正是由于放射性的发现和研究,有力地冲击了原子不可分、质量不可变的传统物质观念,动摇了经典力学和经典物理学的基础。

5. "以太之谜"与爱因斯坦相对论

相对论思想的发展过程,可以从物理学中的"以太"概念的提出谈起。最初提出"以太"这一设想的,是 17 世纪法国哲学家笛卡儿(René Descartes,1596—1650)。他曾经把以太当作传播光和星球间相互作用的媒质。当时光的波动学说还未确立,解释行星运动的牛顿万有引力学说却已被物理学界普遍承认,因此,后来笛卡儿的以太概念被搁置起来。

到了 19 世纪,光的波动学说逐步被确认,以

图 0-9 爱因斯坦

太又作为光在"真空"中的传播媒质被提出来,并且在科学界流传甚广。麦克斯韦提出电磁理论之后,物理学界又把以太当作传播电磁波的媒质,因而使以太得到更广泛的承认。

以太的提出,实际上不仅是为光波设想出一种传播媒质,它的存在与否还涉及物理学规律是否普遍服从"相对性原理"的问题,以及牛顿的"绝对空间"概念是否正确的问题。

按照牛顿力学所应用的"伽利略变换"公式,在一切惯性参照系中,即在对于一惯性系做匀速直线运动的参照系中,由实验总结出的力学定律(例如牛顿运动定律),其形式都是完全相同的,因而在任一惯性系内部,我们无法从力学实验中找出此惯性系对于其他参照系的运动速度。这一结论就是古典力学的相对性原理。对于麦克斯韦方程组所表示的电磁学基本规律,相对性原理是否也适用呢?如果承认伽利略变换公式是正确的,那么麦克斯韦方程组就不可能满足相对性原理,因为在麦克斯韦方程中,包含一个常数系数 c,它是光在真空中的传播速度,而依据伽利略变换,同一物体对于有相对运动的不同参照系,速度值是不同的,于是这里就发生了麦氏方程组中的常数 c 到底是光对于哪一个参照系的速度的问题,因此,依照伽利略变换,对于不同惯性系,麦克斯韦方程组中的常数系数不能同是常数 c。

从这里可以看出:伽利略变换、普遍的相对性原理(即一切物理学规律——不限于力学规律——都不随实验者所使用的惯性系而改变)和电磁学基本规律是不能相容的。从逻辑上来考虑,理论物理学家必须在三者中修改或放弃其中之一。

电磁学基本规律在 19 世纪末已为无数实验所证实,不承认麦克斯韦总结提出的电磁学基本规律是不符合实际的想法。因此,对于物理学家来说,只剩下两条可供选择的道路。

(1) 保存电磁学规律和伽利略变换,放弃普遍相对性原理。即只承认力学规律服从相对性原理,而不承认电磁学规律服从相对性原理。这样,就需要说明麦氏方程组中的常数 c 到底是对哪一个参照系来讲的光速。持这一种观点的物理学家认为:c 只是光对于静止以太的速度,而光对于一切对以太有运动的参照系,其速度则不是 c。这样,相对于以太静止的参照系就是一种较之其他参照系具有特殊优越性的"绝对参照系"。它对应着牛顿所讲的"绝对空间"。按照这样一种观点,牛顿的"绝对空间"观念可以完全保留下来;所谓"绝对空间",也就是为以太所填充的"永远保持不变"的空间。显然,这样一种观点需要承认以太的存在。

(2) 承认一切物理学规律应该服从统一的相对性原理,即认为一切物理学规律,包括力学和电磁学规律的形式都不随观察者所用的惯性系而改变;保留电磁学基本规律,但予以新的解释,认为伽利略变换只是物体进行低速运动时的近似规律,并非普遍正确的客观规律。为了揭示从两个惯性系测出一事件发生地点的坐标和发生时刻之间的普遍联系,伽利略变换需要引入另外一种变换(洛伦兹变换)。由于这样一种改变,旧物理学中沿用的空间、时间概念和牛顿力学中的一些基本概念和规律也需要做相应的改变。

20世纪初期的多数物理学家都坚持或倾向于采用前一种观点。这是因为在牛顿以后的二三百年间,物理学界一直沿用牛顿的空间、时间概念和牛顿力学理论,同时由于囿于机械论的观点,物理学界多年来也一直坚持着"波是弹性机械振动在媒质中的传播"这样一种观点,使得当时的物理学家们也很难放弃"以太"假说。

爱因斯坦则赞成后一种观点,他认为自然界应该服从一种统一的普遍相对性原理,并认为应该对伽利略变换和牛顿力学提出修正;他放弃牛顿的绝对空间概念,以此来消除普遍相对性原理与旧物理学之间的矛盾。

爱因斯坦能够不回避普遍相对性原理与旧物理学之间的重大矛盾,坚持上述第二种观点,重要原因之一是他具有"自然界具有统一性"这样一种指导思想。他在提出狭义相对论基本思想的"论动体的电动力学"这篇论文中,一开头就写道:"大家知道,麦克斯韦电动力学——像现在通常为人们所理解的那样——应用到运动物体上时,就要引起一些不对称,而这种不对称似乎不是现象所固有的。"这里所说的"不对称",实际就是指按照当时通常的理解,麦克斯韦的电动力学规律不服从相对性原理,而在古典物理学中却承认力学相对性原理,这样就使古典物理学在相对性原理这个问题上缺乏统一性。

"自然界具有统一性,是一个简单和谐的整体"这样一种思想,是爱因斯坦一生中研究工作的指导思想。爱因斯坦在后半生主要致力于"统一场论"的研究,也是在这样一种思想指导下进行的。由此可见,正确的指导思想对于科学研究工作的重要意义。

以太学说从来就不能解释全部自然现象。例如,说以太充满了全部空间,而又从未发现天体在其中运行的过程中受到它的阻力因而速度有所减慢,因此,以太似乎是一种几乎没有质量的稀薄流体;但光波又是横波,按照弹性力学的原理,能够以很大速度传播横波的媒质又必须是切变模量很大的物质,而只有弹性固体才具有较大的切变模量。这里显然存在矛盾,而旧物理学一直未能解决这个矛盾。

按照爱因斯坦的相对论观点,既然不存在牛顿的绝对空间,作为这一空间的填充物的以太也就不需要了。至于光的媒质问题,近代量子物理学认为光也具有粒子性质，也经常以具有质量和动量的光子的形式出现，光波并不是以前人们所知道的弹性波，因而对传播媒质的需要也随之不存在了。至此，"作为实物的静止以太"，在整个物理学中已经失去存在的必要性。

但是，上述两种观点究竟何者正确，还需要由实验结果做出判断。如果宇宙空间充塞着作为光的媒质的静止以太，而光的速度只有相对于以太参照系来讲时才是常数 c，那么，由于地球在一般情况下对于以太应有一定相对速度，光沿各方向传播时对地球的速度就应该有所不同。如果存在上述的以太，这种光速的差别从 19 世纪 80 年代英国物理学家迈克尔逊（Michelson）和莫雷（Morley）应用精密干涉仪进行实验应该完全能够检查到。迈克尔逊于 1881 年首先进行了这一旨在发现地球与以太的相对运动（以太风）的实验，1887 年他和莫雷又改进了实验技术，大大提高了实验的精密度。此后由 1887 年直至 20 世纪的上半期，其他物理学家也曾多次进行同一实验，但始终未能发现地球对以太的相对运动。光速在不同的参照系中和不同的方向上都是相同的，例如迈克尔逊和莫雷在 1887 年的实验，实验装置如图 0-10 所示，从实验设计可以推算出如果存在以太，实验中观测到的干涉条纹应发生相当于 0.40 个条纹宽度的移动，但观测结果却是即使有条纹移动，移动距离最大也不会超过 0.01 个条纹的宽度。迈克尔逊和莫雷的实验得到的是一种"负"结果。它实际上否定了所谓的"地球对以太的运动"。

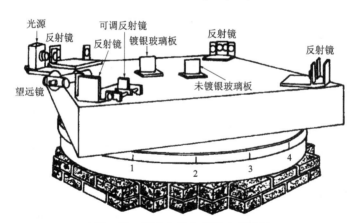

图 0-10 迈克尔逊和莫雷实验装置

1905 年，爱因斯坦明确表示"光以太是多余的"，并以光速不变原理和相对性原理为基础创立了狭义相对论。从相对时空观看来，光的传播是不需要以太作为媒质的，光速不变原理不过是空间、时间特性的一种反映。之后，爱因斯坦又用了十年左右的时间研究广义相对论。他在 1916 年发表了这一理论的完整解释。爱因斯坦的广义相对论被认为是人类智慧的最大成就之一。

第三节　误差与数据处理

有关误差与数据处理的理论是一门专门的学科。同学们在普通物理实验课上已经学习过测量的基本知识和数据处理的基本方法，例如系统误差和偶然误差的处理方法、直接测量及间接测量数据的处理等，在此不再重复。根据近代物理实验的特点，这里将介绍误差的分布函数及回归分析法。

一、误差的分布函数

在一定条件下可能发生，也可能不发生的事件叫随机事件。个别随机现象是无规律可循的，但大量的随机现象的集合却遵循一定的规律，如多次测量同一距离，正负误差发生的次数几乎相等，大误差发生的次数比小误差少。又如气体分子的运动，对个别分子而言，它们运动方向和速度是随机的，但大量分子的运动却遵循一定的规律。

由于测量的对象不同，影响测量的因素也各不相同，因此偶然误差遵循的统计规律也是多种多样，如：二项分布、泊松分布、反正弦分布……但大多数物理测量值的随机误差遵从正态分布。

1. 正态分布的概率密度分布函数

$$p(\varepsilon) = \frac{h}{\sqrt{\pi}} e^{-h^2\varepsilon^2} \text{ 或 } p(\varepsilon) = \frac{1}{\sqrt{2\pi}\sigma} e^{\varepsilon^2/2\sigma^2}$$

此式也称为高斯误差分布定律，根据方程所画的曲线，称为高斯正态曲线，式中 h 称作精密度常数。σ 为标准误差。ε 为误差，h 与 σ 的关系为

$$h = \frac{1}{\sqrt{2}\sigma}$$

观测量值处于 x 与 $(x+\delta x)$ 之间的概率为

$$\frac{1}{\sqrt{2\pi}\sigma} e^{\varepsilon^2/2\sigma^2} \cdot d\delta_x$$

正态分布的特点为：

（1）大误差出现的概率小，小误差出现的概率大（指绝对值）。
（2）绝对值相等、符号相反的误差出现的概率相等。
（3）绝对值很大的误差，出现的概率趋于零，即误差有一定的实际极限。

可以证明，若一个物理量的误差遵从正态分布，则其真值 μ 和标准偏差 σ 的最佳估计值为 $\bar{x}$ 和 $\hat{\sigma}$。

2. 泊松分布

在自然科学中广泛存在着近似符合泊松分布的数据，特别在生物学上。

泊松分布的必要条件是事件应该很少发生，而实验次数应很大。

泊松分布的概率公式为

$$p(n) = \frac{m^n}{n!}e^{-m}$$

此式在 n 较小的情况下比较适用，$n > 10$ 时，计算就相当繁杂。但这时泊松分布与高斯分布就相当接近，在 $n \to \infty$ 时，二者就完全相等。

3. 测量结果的置信度、置信限与置信概率

对一列等精度测量，在求得 σ 的估值之后，不难利用误差函数，求得误差值 ε 出现在某一指定区间 $(-a, a)$ 内的概率 $p[|\varepsilon| \leq a]$，也就可以预计测量值 x 出现在区间 $[\mu - a, \mu + a]$ 内的概率 $p[\mu - a \leq x \leq \mu + a]$，这个指定的区间 $[-a, a]$ 或 $[\mu - a, \mu + a]$ 称为置信区间。$\mu - a$ 或 $\mu + a$ 称为置信限，而概率 $p[-a \leq \varepsilon \leq a]$ 或 $p[\mu - a \leq x \leq \mu + a]$ 称为 ε 或 x 在该置信区间或置信限内的置信概率。有时也把 $(1 - p)$ 称为置信水平。

置信限和置信概率合起来说明测量结果的置信度，即可信赖的程度。

通常我们把测量结果表示为 $M = \overline{M} \pm \sigma$，这样表示的置信限为 $\pm \sigma$，对于正态分布，在区间 $[-\sigma, \sigma]$ 内的概率由积分得：

$$\int_{-\sigma}^{\sigma} \frac{1}{2\pi\sigma} e^{\varepsilon^2/2\sigma^2} d\varepsilon = 0.6827$$

$$\int_{-2\sigma}^{2\sigma} \frac{1}{2\pi\sigma} e^{\varepsilon^2/2\sigma^2} d\varepsilon = 0.9545$$

这说明了一个量的任何一次测量 $\bar{x}_i$ 出现在 $x - \sigma$ 到 $x + \sigma$ 的概率为 68.27%，出现在 $x - 2\sigma$ 到 $x + 2\sigma$ 的概率为 95.45%。由此说明一定的误差表示都是在一定的概率下的误差范围，如果不知道一个测量结果表示的置信水平，那么这个值就是毫无意义的。

为了估计测量结果的置信度，需要进行 N 次等精度测量，然后进行统计，求得真值 μ 和标准误差 σ 的估值，x、$\hat{\sigma}$ 是与测定次数有关的。若令

$$t = \sqrt{N}\frac{\bar{x} - \mu}{\hat{\sigma}}$$

那么关于 t 的概率分布不再是正态的，即为所谓的 t 分布，该分布的变量 t 是与测量次数 N、平均值 $\bar{x}$ 有关的。

t 分布的概率密度表示为

$$p(t) = \frac{\Gamma\left(\frac{\nu+1}{2}\right)}{\Gamma\left(\frac{\nu}{2}\right)\sqrt{\nu\pi}}\left(1 + \frac{t^2}{\nu}\right)^{-(\nu+1)/2}$$

式中的 $\nu = N - 1$，是自由度；Γ 表示伽马函数。

利用现成的 t 分布函数，不难求得下列概率的值：

$$p[|t|\leq k]=p\left[-k\leq\frac{\bar{x}-\mu}{s}\leq k\right]=p[\bar{x}-ks\leq\mu\leq\bar{x}+ks]$$

式中，$s=\sigma/\sqrt{N}$，k 为根据需要而指定的常数。

利用对数表可以查得

当 $N=10$ 时，

$$|\bar{x}-\mu|\leq 3.17s=3.17\frac{\hat{\sigma}}{\sqrt{10}}\approx\sigma$$

的概率为：

$$p[|\bar{x}-\mu|\leq\sigma]\approx 0.99$$

同理可得：当 $N=20$ 时，

$$p[|\bar{x}-\mu|\leq\sigma]\approx 0.999$$

当 $N=4$ 时，

$$p[|\bar{x}-\mu|\leq\sigma]\approx 0.85$$

这就是通常 N 取 4~20 的根据。

平均值的均方误差等于单次测量的均方误差的 $1/\sqrt{N}$ 倍，说明测定次数对改变平均值的精度有利，但测量值的精度要受到测量仪器的精度、测量方法、测量环境和观测人等条件限制。测量时只能体现这些条件能达到的精度，超出这些条件单纯追求测量次数是不能提高测量精度的。当然必要的次数由上述理由还是必要的，特别是精度的测量，没有一定的次数就得不到应有的可信赖值。

二、数据的方程表示（回归分析法）

（1）依据实验数据，建立经验公式就是从实验曲线判断出函数形式，然后计算公式中各个常数。

判断函数形式并无通用的法则，主要靠个人的数学知识和熟练程度，在难以估计函数形式时，常用多项式

$$y=a_0+a_1x+a_2x^2+\cdots+a_nx^n \text{ 和 } y=a_0+\frac{a_1}{x}+\frac{a_2}{x^2}+\cdots+\frac{a_n}{x^n}$$

逼近拟合时考虑的原则要根据具体情况而定，常用的方法有最小二乘法线性拟合、x^2 拟合、抛物线拟合等。

（2）在我们实验中常遇到的情况是已知直接测量与待测量之间的函数关系。例如已知待求最可几值的 m 个未知量为 $x_1, x_2, \cdots, x_m$，它们组成函数 $f_1, f_2, \cdots, f_k$，经测定分别为 $M_1, M_2, \cdots, M_k$，即：

$$f_1(x_1, x_2, \cdots, x_m) = M_1$$
$$f_2(x_1, x_2, \cdots, x_m) = M_2$$
$$\cdots$$
$$f_k(x_1, x_2, \cdots, x_m) = M_k$$

若 $m = k$，可求出 m 个未知数。

$m < k$ 则可任选 m 个方程求解，但是其余 $k - m$ 个方程就不能为解得未知量所满足，偏差很大，用最小二乘法求解就能使解得的结果最好地适用所有的方程。

现在讲最简单的一种情形，未知量 x_i 以直线形式组合成函数，为了简化，进一步假定 $m = 2$，即 $f(x) = ax_1 + bx_2$。

若进行 k 次测量，测得未知量的系数为 a、b，并设函数在 k 次测量中结果为 $M_1, M_2, \cdots, M_k$，则可得测定方程组。

以 x_1，x_2 表示各测定值的最可几值，并以 $\nu_1, \nu_2, \cdots, \nu_k$ 表示各测定方程对应的残差，则有：

$$M_1 - (a_1 x_1 + b_1 x_2) = \nu_1$$
$$M_2 - (a_2 x_1 + b_2 x_2) = \nu_2$$
$$\cdots$$
$$M_k - (a_k x_1 + b_k x_2) = \nu_k$$

使 $x_1 x_2$ 要为最大可几值，按最小二乘法结果有 $\sum_{i=1}^{k} \nu_i^2$ 取最小值。

要使得 $\sum_{i=1}^{k} \nu_i^2 = \sum [M_i - (a_i x_1 + b_i x_2)]^2$ 最小，

必须满足 $\dfrac{\partial (\sum \nu_i^2)}{\partial x_1} = 0$，$\dfrac{\partial (\sum \nu_i^2)}{\partial x_2} = 0$。

由此得出：

$$\sum_{i=1}^{k} a_i (a_i x_1 + b_i x_2 - M_i) = 0$$
$$\sum_{i=1}^{k} b_i (a_i x_1 + b_i x_2 - M_i) = 0$$

由上式解出的 x_1，x_2 就是 x_i 的最可几值，上式通常写成

$$[aa] x_1 + [ab] x_2 - [am] = 0$$
$$[ba] x_1 + [bb] x_2 - [bm] = 0$$

式中，$[ab] = \sum_{i=1}^{k} a_i b_i$，其余意义相似，上式称为正则方程。解正则方程有许多解法（如高斯法、行列式法、矩阵方法等）。对一般简单情形，行列式方法

是很简便的。

正则方程写成行列式形式为

$$\frac{x_1}{\begin{vmatrix} [am] & [ab] \\ [bm] & [bb] \end{vmatrix}} = \frac{x_2}{\begin{vmatrix} [aa] & [am] \\ [ba] & [bm] \end{vmatrix}} = \frac{1}{\begin{vmatrix} [aa] & [ab] \\ [ab] & [bb] \end{vmatrix}}$$

由上式即可求出 x_1，x_2。

由正则方程计算出来的最可几值，具有一定的误差，根据误差理论的基本知识可求得它的各种测量误差公式。

测定方程组中任一方程的标准差为：

$$\varepsilon = \sqrt{\frac{\sum v_i^2}{k-m}}$$

又设 ε_{x_1}，ε_{x_2} 代表最可几值的标准差，有

$$\frac{\varepsilon_{x_1}^2}{[bb]} = \frac{\varepsilon_{x_2}^2}{[aa]} = \frac{\varepsilon^2}{\begin{vmatrix} [aa] & [ab] \\ [ab] & [bb] \end{vmatrix}}$$

三、数据处理举例

在汞原子激发电位测定的实验中，根据测得的数据可绘得如图 0-11 所示曲线。

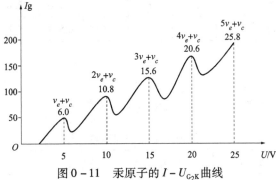

图 0-11　汞原子的 $I - U_{G_2K}$ 曲线

按图 0-11 可写出如下测定方程组：

$$\nu_e + \nu_c = 6.0$$
$$2\nu_e + \nu_c = 10.8$$
$$3\nu_e + \nu_c = 15.6$$
$$4\nu_e + \nu_c = 20.6$$
$$5\nu_e + \nu_c = 25.8$$

列出计算表（$x_1 = \nu_e$，$x_2 = \nu_c$）

则可写出正则方程组为

$$55\nu_e + 15\nu_c = 285.8$$
$$15\nu_e + 5\nu_c = 78.8$$

解之得 $\nu_e = 4.94$ V；$\nu_c = 0.94$ V

将 ν_e、ν_c 的值代入测定方程组可求得残差 ν_i 和 ν_i^2（见计算表 0-1），测定方程的标准差为

$$\varepsilon = \sqrt{\frac{\sum \nu_i^2}{k-2}} = \sqrt{\frac{0.076}{3}} = 0.16$$

再由最几值的标准误差计算公式得

$$\varepsilon_{\nu e} = 0.54 \text{ V} \quad \varepsilon_{\nu c} = 0.18 \text{ V}$$
$$\nu_e = 4.4 \text{ V} \pm 0.5 \text{ V} \quad \nu_c = 0.94 \text{ V} \pm 0.18 \text{ V}$$

表 0-1 计算表

i	M_i	a_i	b_i	a_i^2	b_i^2	$a_i b_i$	$a_i M_i$	$b_i M_i$	ν_i	ν_i^2
1	6.0	1	1	1	1	1	6.0	6.0	+0.12	0.014 4
2	10.8	2	1	4	1	2	21.6	10.8	-0.02	0.000 4
3	15.6	3	1	9	1	3	46.8	15.6	-0.16	0.025 6
4	20.6	4	1	16	1	4	82.4	20.6	-0.10	0.010 0
5	25.8	5	1	25	1	5	129.0	25.8	+0.16	0.025 6
$\sum$	78.8	15	5	55	5	15	285.8	78.8		0.076 0

【思考题】

1. 使温度 t 改变，测得某铜线圈的电阻 R_t（表 0-2）。

表 0-2 某铜线圈电阻随温度变化值

$t/℃$	17.8	26.9	37.77	48.2	58.8
R_t/Ω	3.554	3.678	3.327	3.969	4.105

按公式 $R_t = R_0 (1 + \alpha t)$，求在 0℃的铜线圈的电阻及其温度系数。

2. 检验 1 000 个灯泡，发现灯泡的平均寿命为 950 h，而其标准差为 150 h，期望具有（1）少于 650 h 的寿命；（2）处于 800~1 100 h 之间的寿命；（3）处于 1 100~1 250 h 的寿命的灯泡各为多少个？

3. 圆柱体的半径已知为 2.1 cm ± 0.1 cm，而长度已知为 6.4 cm ± 0.2 cm，求圆柱体的体积及不确定度。

4. 一个量的观测值如下：9.4、9.3、9.4、9.5、9.6、9.3、9.7、9.5、9.2、9.4，求该量的最优似然值。

5. 用不同方法测量电子的荷质比 (e/m) 及每个测量值的不确定度，结果如下，求 (e/m) 的最似然值及不确定度。

$(e/m) \times 10^{11}$	不确定度
1.761 10	1.0×10^{-4}
1.759 00	9.0×10^{-4}
1.759 82	4.0×10^{-4}
1.758 70	8.0×10^{-4}

6. 已知下列方程，求 x 和 y 的最优似然值。

$$\begin{cases} 2x + y = 5.1 \\ x - y = 1.1 \\ 4x - y = 7.1 \\ x + 4y = 5.9 \end{cases}$$

实验 1

密立根油滴实验

电在技术上的广泛应用和物质构造的性质，促使人们要求对电的本质做更深的研究，密立根于 1907 年及以后七年左右的时间内，用油滴直接证实了电的不连续性，从而为电子论建立了直接的实验基础，并且同时测定了电子的电荷。电荷的数值是一个基本的物理常数，它的测定提供了从实验测定其他许多基本物理量的可能性。密立根油滴实验是一个相当古老的经典实验。但也就是这样一个实验在科学的前沿仍然起着相当重要的作用，这在科学史上，一个基本实验能起到这样的作用，是很少见的。

【实验目的】

（1）通过密立根油滴实验来验证电子的"量子性"，即电量不是连续变化的，而为电子电荷的整数倍。

（2）测定出电子的电荷 e，目前公认 $e = 1.602\,189\,2 \times 10^{-19}$ C。

【实验仪器】

OM98 CCD 计算机密立根油滴仪，该仪器配备了 CCD 显示系统，并配有计算机接口。

仪器主要由油滴盒、CCD 电视显微镜、电路箱、监视器等组成。

油滴盒结构见图 1-1，油滴盒上电极板中心有一个 0.4 mm 的油雾落入孔，在胶木圆环上开有显微镜观察孔和照明孔。在油滴盒外套有防风罩，罩上放置一个可取下的油雾杯，杯底中心有一个落油孔及一个挡片，用来开关落油孔。

电路箱体内装有高压产生、测量显示等电路。底部装有三只调平手轮，面板结构见图 1-2。由测量显示电路产生的电子分划板刻度，与 CCD 摄像头的行扫描严格同步。

在面板上有两只控制平行极板电压的三挡开关，K_1 控制上极板电压的极性，K_2 控制极板上电压的大小。当 K_2 处于中间位置即"平衡"挡时，可用电位器调节平衡电压。

实验 1　密立根油滴实验　27

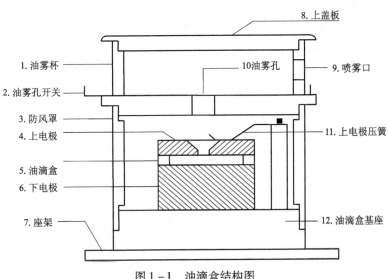

图 1-1　油滴盒结构图

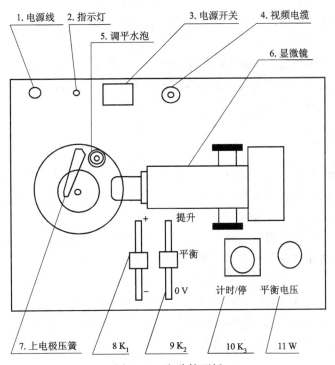

图 1-2　电路箱面板

打向"提升"挡时，自动在平衡电压的基础上增加 200~300 V 的提升电压，打向"0 V"挡时，极板上电压为 0 V。

为了提高测量精度，OM98/OM99 油滴仪将 K_2 的"平衡"、"0 V"挡与计时器的"计时/停"联动。在 K_2 由"平衡"打向"0 V"、油滴开始匀速下落的同时开始计时，油滴下落到预定距离时，迅速将 K_2 由"0 V"挡打向"平衡"挡、油滴停止下落的同时停止计时。这样，在屏幕上显示的是油滴实际的运动距离及对应的时间，提供了修正参数。这样可提高测距、测时精度。根据不同的教学要求，也可以不联动。

由于空气阻力的存在，油滴先经一段变速运动然后进入匀速运动。但这变速运动时间非常短，小于 0.01 s，与计时器精度相当。所以可以看作当油滴自静止开始运动时，油滴是立即做匀速运动的；运动的油滴突然加上原平衡电压时，将立即静止下来。

OM98/OM99 油滴仪的计时器采用"计时/停"方式，即按一下开关，清零的同时立即开始计数，再按一下，停止计数，并保存数据。计时器的最小显示为 0.01 s，但内部计时精度为 1 μs，也就是说，清零时刻仅占用 1 μs。

油滴仪主要技术指标：

平均相对误差：<3%　　　　平行极板间距离：5.00 mm ± 0.01 mm
极板电压：±DC 0 ~ 700 V 可调　提升电压：200 ~ 300 V
数字电压表：0 ~ 999 V ±1 V　　数字毫秒计：0 ~ 99.99 s
电视显微镜：放大倍数 60×（标准物镜），120×（选购物镜）
分划板刻度：电子方式，垂直线视场分 8 格，每格值 0.25 mm
电源：~ 220 V、50 Hz

【实验原理】

一个质量为 m_1（这个质量是足够小的），半径为 a 的油滴，在重力场的作用下，开始向下做加速运动，但由于空气是黏滞流体，故除浮力外对运动的油滴还有黏滞阻力。油滴下降一段距离达到一定的速度后，阻力、浮力、重力三力平衡而形成匀速下降。由斯托克斯定律给出黏滞阻力与物体运动速度成正比，则油滴在空气介质的重力场中运动方程写成：

$$m_1 g - m_2 g = K V_g \qquad (1-1)$$

式中，m_2 为与油滴同体积的空气质量，V_g 是油滴匀速下降速度，K 为比例系数。

若油滴带电量为 q，并处在场强为 E 的匀强电场中，若电场力 qE 的方向与重力方向相反，则运动方程可写为：

$$qE = (m_1 - m_2) g + K V_e \qquad (1-2)$$

V_e 为油滴匀速上升的速度，由式 (1-1)、式 (1-2) 消去 K 得：

$$q = \frac{m_1 - m_2}{E V_g} g (V_g + V_e) \qquad (1-3)$$

由式（1-3）看出，要测量出油滴上所带的电荷 q，分别要测出 m_1、m_2、E、V_g、V_e 等各量。

在实验中的油滴是由喷雾器喷出的，这种油滴的半径大约为 10^{-6} m，质量很小，在 $10^{-14} \sim 10^{-15}$ kg。因此直接测量其质量是不现实的。若油与空气的密度分别为 ρ_1、ρ_2，于是半径为 a 的油滴的视重为：

$$(m_1 - m_2) g = \frac{4}{3}\pi a^3 (\rho_1 - \rho_2) g \quad (1-4)$$

即：

$$(m_1 - m_2) = \frac{4}{3}\pi a^3 (\rho_1 - \rho_2) \quad (1-5)$$

将式（1-5）代入式（1-3）得：

$$q = \frac{4}{3}\pi a^3 \frac{1}{E} (\rho_1 - \rho_2) g \left(1 + \frac{V_e}{V_g}\right) \quad (1-6)$$

将式（1-4）代入式（1-1），并根据斯托克斯定律比例系数 $K = 6\pi\eta a$ 得：

$$\frac{4}{3}\pi a^3 (\rho_1 - \rho_2) g = 6\pi\eta V_g$$

整理得：

$$a = \left(\frac{9\eta V_g}{2(\rho_1 - \rho_2) g}\right)^{\frac{1}{2}} \quad (1-7)$$

η 为空气黏滞系数，称为黏度，单位为 kg·s/m²，其值见下表：

η/（kg·s·m^{-2}×10^{-4}）	1.710	1.760	1.810	1.857	1.904	1.951	1.998	2.004	2.089	2.133
t/℃	0	10	20	30	40	50	60	70	80	90

处理数据时根据实验时的室温选取相应的 η。

我们实验中要求用内插法计算。

实验中还应注意的一个问题是，斯托克斯定律的简单理论表达式只有在球的半径和球在其中运动的流体（在此指空气）的分子的自由程相比足够大时，才是正确的。所以对该实验中半径小到 10^{-6} m 的油滴就需要加以修正，其修正因子为 $1 + \frac{b}{Pa}$（b 为常数，等于 6.17×10^{-6} cm 汞柱）。

于是：

$$a_1 = \left[\frac{9\eta V_g}{2g(\rho_1 - \rho_2)\left(1 + \dfrac{b}{Pa_0}\right)}\right]^{\frac{1}{2}} \quad (1-8)$$

式中 a_0 可由式（1-7）求得。

将式（1-6）中的 a 换成 a_1

$$q = \frac{4}{3}\pi \frac{1}{E}(\rho_1 - \rho_2)g\left(1 + \frac{V_e}{V_g}\right)\left[\frac{9\eta V_g}{2g(\rho_1 - \rho_2)(1 + b/Pa_1)}\right]^{\frac{3}{2}}$$

把上式中的常数用 c 表示，即：

$$c = \frac{4}{3}\pi(\rho_1 - \rho_2)\left[\frac{9\eta}{2g(\rho_1 - \rho_2)}\right]^{\frac{3}{2}}$$

则

$$q = c\frac{1}{E}\left(1 + \frac{V_e}{V_g}\right)\left[\frac{V_g}{1 + b/Pa_1}\right]^{\frac{3}{2}} \quad (1-9)$$

式（1-9）是本实验中最基本的公式，但为了提高计算的精度，要求提高半径 a 的计算精度，于是用迭代法求出 a_1 使它满足

$$\frac{a_{n+1} - a_n}{a_{n+1}} < 0.5\%$$

$$a_{n+1} = \left[\frac{9\eta V_g}{2g(\rho_1 - \rho_2)(1 + b/Pa_0)}\right]^{\frac{1}{2}} = \frac{a_0}{\sqrt{1 + b/Pa_n}} \quad (1-10)$$

在稍精确一点的测量中，在颗粒半径小到 10^{-6} 米时应用斯托克斯定律时修正如下：

$$F = \frac{6\pi\eta a_{n+1}V}{1 + b/Pa_n} \quad (1-11)$$

将式（1-10）代入式（1-11）得：

$$F = \frac{6\pi\eta a_0 V}{(1 + b/Pa_n)^{3/2}}$$

则

$$q = c\frac{1}{E}\left(1 + \frac{V_e}{V_g}\right)\left[\frac{V_g}{1 + b/Pa_1}\right]^{\frac{3}{2}} \quad (1-12)$$

修正项 $(1 + b/Pa_n)^{-3/2}$ 据国外资料有的解释为对 η 的修正，有的解释为对速度的修正，我们也可以解释为对 F 的修正，由 $F = 6\pi\eta av$ 知，结果都一样。

在实验中我们可以通过改变电压，而使油滴达到平衡（静止不动）。我们对多个油滴分别测出其平衡电压，亦可利用式（1-9）求得 q，所以本实验

中要求每个油滴先测出平衡电压,再改变电压的大小,测油滴在电场中的运动速度,然后分别计算,再进行比较。

【实验方法】

1. 仪器连接

将 OM98/OM99 面板上最左边带有 Q9 插头的电缆线接至监视器后背下部的插座上,注意一定要插紧,保证接触良好,否则图像紊乱或只有一些长条纹。

2. 仪器调整

调节仪器底座上的三只调平手轮,将水泡调平。由于底座空间较小,调手轮时如将手心向上,用中指和无名指夹住手轮调节较为方便。

照明光路不需调整。CCD 显微镜对焦也不需用调焦针插在平行电极孔中来调节,只需将显微镜筒前端和底座前端对齐,喷油后再稍稍前后微调即可。在使用中,前后调焦范围不要过大,取前后调焦 1 mm 内的油滴较好。

3. 测量练习

练习是顺利做好实验的重要一环,包括练习控制油滴运动,练习测量油滴运动时间和练习选择合适的油滴。

选择一颗合适的油滴十分重要。大而亮的油滴必然质量大,所带电荷也多,而匀速下降时间则很短,增大了测量误差和给数据处理带来困难。通常选择平衡电压为 200~300 V,匀速下落 1.5 mm 的时间在 8~20 s 的油滴较适宜。喷油后,K_2 置"平衡"挡,调 W 使极板电压为 200~300 V,注意几颗缓慢运动、较为清晰明亮的油滴。试将 K_2 置"0 V"挡,观察各颗油滴下落大概的速度,从中选一颗作为测量对象。对于 23 cm(9 英寸)监视器,目视油滴直径在 0.5~1 mm 的较适宜。过小的油滴观察困难,布朗运动明显,会引入较大的测量误差。

判断油滴是否平衡要有足够的耐性。用 K_2 将油滴移至某条刻度线上,仔细调节平衡电压,这样反复操作几次,经一段时间观察油滴确实不再移动才认为是平衡了。

测准油滴上升或下降某段距离所需的时间,一是要统一油滴到达刻度线什么位置才认为油滴已踏线,二是眼睛要平视刻度线,不要有夹角。反复练习几次,使测出的各次时间的离散性较小。

4. 正式测量

实验方法可选用平衡测量法和动态测量法。如采用平衡法测量,可将已调平衡的油滴用 K_2 控制移到"起跑"线上,按 K_3(计时/停),让计时器停止计时,然后将 K_2 拨向"0 V",油滴开始匀速下降的同时,计时器开始计时。到"终点"时迅速将 K_2 拨向"平衡",油滴立即静止,计时也立即停止。动态法是分别测出加电压时油滴上升的速度和不加电压时油滴下落的速度,代入相应公式,求出 e 值。油滴的运动距离一般取 $1\sim1.5$ mm。对某颗油滴重复 $5\sim10$ 次测量,选择 $10\sim20$ 颗油滴,求得电子电荷的平均值 e。在每次测量时都要检查和调整平衡电压,以减小偶然误差和因油滴挥发而使平衡电压发生变化。

*选做项目:用动态法测电荷 e 值。

【数据处理】

计算出各油滴的电荷后,求它们的最大公约数,即为基本电荷 e 值。若求最大公约数有困难,可用作图法求 e 值。设实验得到 m 个油滴的带电量分别为 $q_1, q_2, \cdots, q_m$,由于电荷的量子化特性,应有 $q_i = n_i e$,此为一直线方程,n 为自变量,q 为因变量,e 为斜率。因此 m 个油滴对应的数据在 $n\sim q$ 坐标中将在同一条过圆点的直线上,若找到满足这一关系的直线,就可用斜率求得 e 值。数据处理也可采用数据处理软件(见附录 I)。

将 e 的实验值与公认值比较,求相对误差。(注:油滴仪极板距离 d 为 5 mm。)

注意事项:

(1) OM98/OM99 油滴仪的电源保险丝的规格是 0.75 A。如需打开机器检查,一定要拔下电源插头再进行!

(2) 打开监视器和 OM98B 油滴仪的电源 5 s 后自动进入测量状态,显示出标准分划板刻度线及 V 值、S 值。开机后如想直接进入测量状态,按一下"计时/停"按钮即可。

(3) 如开机后屏幕上的字很乱或字重叠,先关掉油滴仪的电源,过一会儿再开机即可。面板上 K_1 用来选择平行电极上极板的极性,实验中置于 + 位或 − 位均可,一般不常变动。使用最频繁的是 K_2 和 W 及"计时/停"(K_3)。

(4) 监视器门前有一小盒,压一下小盒盒盖就可打开,内有 4 个调节旋钮。对比度一般置于较大(顺时针旋到底或稍退回一些),亮度不要太亮。如发现刻度线上下抖动,这是"帧抖",微调左边起第二只旋钮即可解决。

(5) 用滴管从油瓶里吸取油,由灌油处滴入喷雾器里,不要太多,油的液面 $3\sim5$ mm 高已足够,千万不可高于出气管。

(6) 喷雾器的喷雾出口比较脆弱,一般将其置于油滴仪的油雾杯圆孔外 $1\sim2$ mm 即可,不必伸入油雾杯内喷油。

（7）如果喷雾器里还有剩余的油，不用时将请喷雾器立置（例如放在一次性杯子里），否则油会泄漏至实验台上。

（8）每学期结束后，将喷雾器里剩余的油倒出，空捏几次，以清空喷雾器。

【思考题】

1. 为什么要将仪器校平？
2. 为什么要选择适当大小的油滴？
3. 对实验结果造成影响的主要因素有哪些？
4. 用 CCD 成像系统观测油滴比直接从显微镜中观测有何优点？

实验 2

电子自旋共振实验

电子自旋概念是 Pauli 在 1924 年首先提出来的。1925 年,S. A. Goudsmit 和 G. Uhlenbeck 用这个概念解释某种元素的光谱精细结构时获得成功。Stern 和 Gerlack 从实验上直接证明了电子自旋磁矩的存在。电子自旋共振又叫顺磁共振,用于检测有不成对电子的原子磁矩,已广泛应用于自旋共振波谱学,在物理、化学、生物等领域有重要价值。为了有高的灵敏度和分辨率,以观察谱线的精细结构和超精细结构(后者是由于该磁矩对电子磁矩的作用造成的),这种工作一般在微波段进行,对应几千高斯的共振磁场。所谓顺磁性物质,是按照物质的磁化率来分类的,这类物质的磁化率为正值,但不形成有序排列。当它们被置于外磁场 H_0 中时,其磁化强度的方向与 H_0 一致。属于顺磁性物质包含有大多数过渡金属元素和稀土离子的物质,有晶格缺陷和晶体不完整的材料,以及有自由基、双基的材料。当样品被置于磁场 H_0 中,并被角频率为 ω 的交变磁场照射时,如果共振条件被满足,即 $\omega = \gamma H$,就可能检测到共振吸收信号,此时 $\gamma = -\dfrac{g\mu_B}{\gamma \hbar}$,$g$ 称为劈裂因子或郎德因子,μ_B 是波尔磁子,电子的 g 因子与所处的物理、化学环境有关,在物质中往往是各向异性的,如果原子中的电子只有轨道运动,则 $g = 1$;只有自旋运动,则 $g = 2$,大多数材料 $g \approx 2$。

本实验测量的样品为含有自由基的有机物 DPPH,叫二苯基 – 苦酸基联胺,分子式为 $(C_6H_5)_2N - NC_6H_2(NO_2)_3$,结构式如图 2 – 1 所示。可见,第二个 N 少一个共价键,有一个未偶电子,或者说有一个未配对的"自由电子",构成有机自由基。对于这种自由电子,无轨道磁矩的情况,用之可观察到强的共振吸收信号,同时用它作为电子自旋共振的标准样品。自由电子的 $g = 2.00232$。但是由于 DPPH 中的"自由电子"并不是完全自由的,其 $g = 2.0038 \pm 0.0002$。观察电子自旋共振所用的交变磁场的频率由恒定磁场的大小决定,因此可在射频段或微波段进行实验。

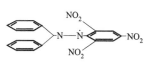

图 2 – 1 DPPH 分子结构式

2.1 射频段电子自旋共振实验

【实验原理】

1. 电子自旋共振的经典解释

自由电子作为一个带电粒子，它运动时将产生磁矩，我们可以把它当作一个磁偶极子。与电子的轨道运动和自旋运动相对应，有轨道磁矩和自旋磁矩。对大多数情况，总磁偶极子主要由自旋决定，轨道运动的贡献很小。

把电子近似为一个质量密度为 ρ_m、电荷密度为 ρ_g 的自旋体，它的角动量和对应的磁矩为 I 和 μ，则

$$I = \int_\nu \rho_m(r)(r \times v) \mathrm{d}\nu = \int_\nu (r \times p) \mathrm{d}\nu$$

$$\mu = \int_\nu \frac{1}{2C} \rho_g(r)(r \times v) \mathrm{d}\nu = \frac{1}{2C} \int_\nu (r \times J) \mathrm{d}\nu$$

式中：r——$\mathrm{d}\nu$ 体积元的位置矢量；

v——$\mathrm{d}\nu$ 体积元的速度矢量；

p——$\mathrm{d}\nu$ 体积元的动量矢量；

J——$\mathrm{d}\nu$ 体积元的电流密度。

如果电子中 ρ_g 和 ρ_m 处处成比例，且满足 $\rho_g/\rho_m = Q/m$（Q 和 m 是电子的电荷和质量），从这两式可得：

$$\mu = \frac{q}{2mc} I = -\frac{e}{2mc} I \qquad (2-1)$$

但是，上面的模型是不恰当的，因为自旋角动量不能用经典方式正确描述，考虑到电子有轨道运动以及处于特定的环境，应当引入一个 g 因子，这是一个量纲为 1 的数：

$$\mu = -\frac{ge}{2mc} I$$

引入玻尔磁子，$\mu_B = \frac{e\hbar}{2m}$，则上式可写为

$$\mu = \frac{-g\mu_B}{\hbar} I = \gamma I \qquad (2-2)$$

式 (2-2) 中，γ 为旋磁比，当样品置于外磁场 H_0 中时，μ 受到一个力矩 L 的作用，

$$L = \frac{\mathrm{d}I}{\mathrm{d}t} = \mu \times H,$$

因为
$$\boldsymbol{\mu} = \gamma \boldsymbol{I},$$
所以,
$$\frac{d\boldsymbol{\mu}}{dt} = \gamma (\boldsymbol{\mu} \times \boldsymbol{H})$$

这就是磁矩运动方程,在直角坐标系中此方程可写成(H_0在z轴方向)
$$\mu_z = 0$$
$$\dot{\mu}_{xy} + \omega \mu_{xy} = 0$$

可以看出,磁矩绕H_0以ω的角频率运动,且可算得$\omega_0 = \gamma H_0$

如果μ和H的夹角为θ,则势能是
$$E = -\boldsymbol{\mu} \cdot \boldsymbol{H}_0 = -\mu H_0 \cos\theta$$

因为θ可在$0 \sim \pi$之间取任意值,故E可取任意值,为了改变μ的势能,必须改变θ角,为此,在垂直于H_0的平面上对样品加一交变磁场H_1,H_1的作用将趋于改变θ角,为说明这一点,我们可以在以ω_0旋转的旋转坐标系中来研究,如果坐标系的旋转与运动的方向一致,则在这样的坐标系中μ和H_1都不动,我们因而可以认为H_1对μ的作用相当于H_0,μ也将绕H_1运动,这意味着将改变θ,即μ的势能发生变化。但若H_1的角频率与旋转坐标系不一致,H_1将在旋转坐标系中不再稳定,这种吸收和放出能量的过程就不协调。当θ角改变时,样品从弱磁场H_1中吸收能量,使自己的势能增加,就是磁共振现象。

综上所述,可以得出下结论:具有自旋磁矩的电子,在一稳恒磁场H_0和一弱的旋转磁场H_1的作用下,当旋转磁场的角度频率ω等于电子磁矩在稳恒磁场中的拉莫余旋进角频率ω_0时,电子将从H_1中吸收能量,从而改变自己的能量状态,这种现象便称为磁共振,发生磁共振的条件可表示为

$$\omega = \omega_0 = \gamma H_0 = -g\frac{\mu_B}{\hbar}H_0 \qquad (2-3)$$

上面叙述了电子自旋共振的条件,实际上磁共振是一种基本而普遍的物理现象,上述的共振条件对原子核及其他基本粒子也适用,只是粒子不同,旋磁比γ和g因子不同,使得在相同磁场下的共振频率不同。

2. 量子力学解释

电子的自旋量子数为$S = 1/2$,自旋磁量子数为m,其自旋角动量为$|\boldsymbol{I}| = \hbar\sqrt{S(S+1)}$,但在一个方向上的最大分量为$I_z = m_s\hbar$,而$m$仅能取$S, S-1$,对应的磁矩为$\mu = \pm g\mu_B/2$,对应的势能为
$$E = \pm \frac{1}{2}g\mu_B H_0$$

二能级之差是:
$$\Delta E = g\mu_B H_0 \qquad (2-4)$$

当样品受到 H_1 的照射时，光子能量 $\hbar\omega$ 必须与 ΔE 相等，共振才能发生，于是共振条件是：

$$\Delta\hbar\omega = g\mu_B H_0$$

也就是：

$$\Delta\omega_0 = \gamma H_0 \tag{2-5}$$

前面所谓的不成对电子的说法与量子力学相一致。量子力学中的分子或原子轨道仅能允许两个电子占有，而且这两个电子自旋相反时才能协调，称为泡利不相容原理，这就是为什么只有那些有不成对电子的分子才有未被抵消的磁矩。

【实验方法】

从 $\omega_0 = \gamma H_0$ 可知，若射频场的角频率 ω_0 与恒定磁场 H_0 二者的数值满足磁共振条件，则共振就会发生，这里有两种办法，一种是恒定磁场 H_0 不变，改变旋转磁场（亦即弱射频磁场）的角频率 ω_0 使共振条件满足，这称为扫频的方法；另一种是使射频场角频率不变，改变磁场 H_0 的大小，这称为扫场的方法。本实验采用的是扫场的方法。

图 2-2 为本实验的装置接线图。恒定磁场由一通有稳恒电流的螺线管产生，样品置于射频线圈内，射频线圈又置于螺线管内，其轴线与螺线管轴线垂直。射频线圈既是振满谐电路的电感器，又是吸收线圈。谐振电路的振荡状态调节在接近停振的临界状态，所以又叫边限振荡。当样品满足共振条件时，要吸收储藏在振荡线圈的射频场能量，从而使线圈品质因数 Q 值降低，使振荡停止或减小。

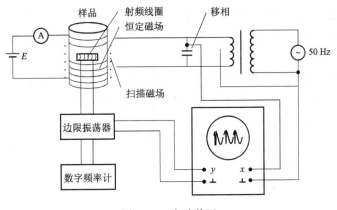

图 2-2 实验装置

因此，经检波和低频放大后在示波器上可观察到一个钟形脉冲。在螺线管上除了绕有产生恒定磁场的线圈外，还绕有另一个通有 50 Hz 交变电流的线圈，称为扫场线圈，它所产生的交变磁场 H'_0 叠加在恒定磁场 H_0 上，它起的作用是使共振信号交替出现，由于共振信号也是周期性变化，这样就可以用示波器观察到。当共振信号出现后，如果恒定磁场 H_0 的数值与满足共振条件的磁场强度 $H_{共}$ 不相等，则由图 2-3 可以看到，H_0 和 H'_0 的合磁场将不会等间隔地满足共振条件，从而共振信号也不是等间隔的。当恒定磁场的数值与满足共振条件的磁场强度相等时，则由图 2-4 可以看到，每当 H'_0 为零时，H_0 和 H'_0 的合磁场（此时仅是 H_0）会等间隔地满足共振条件，从而共振信号也是等间隔的。因此，当出现等间隔的共振信号时，$H_0 = H_{共}$，此时利用 I（流过螺线管的电流）、L（螺线管的长度）、n（线圈匝数）等量即可求出 H_0，进而可求出 g 因子为

$$g = \frac{\hbar\omega}{\mu_B} \cdot \frac{1}{H_0} = \frac{\hbar}{\mu_B} \cdot \frac{2\pi f}{H_0} = 7.145 \times 10^{-7} \frac{f}{H_0} \quad (2-6)$$

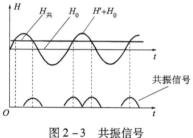

图 2-3 共振信号

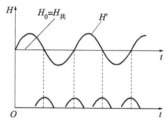

图 2-4 共振信号变化

【操作步骤】

（1）把装有标准样品的样品瓶置于振荡线圈中间。

（2）振荡线圈应置于螺线管轴线的中间，振荡线圈轴线与螺线管轴线垂直。

（3）把扫场线圈与均匀磁场线圈的插头插在仪器后面的插座上。

（4）仪器与频率计、示波器分别用高频电缆线对应连接好。

（5）接上电流表。

（6）开启电源，指示灯亮，预热 10 min 后使用。

（7）固定振荡频率后，将扫描磁场旋钮置于中间位置，然后慢慢调节恒定磁场，注意观察所出现的共振信号。

【实验要求】

（1）当每次测量固定振荡频率后，需从数字频率计上连续取 10 次数值，

然后算出平均值。

（2）由于螺线管直流磁场仅几十高斯，所以本实验中地磁场的影响不可忽视，为消除地磁场的影响，共振仪设置 H_0 的"磁场换向"开关，对等间隔共振信号正、反电流值取平均值。

（3）改变5次振荡频率，求出5个 f，利用上式求出 g 因子，然后与公认值比较并求出相对误差，分析误差原因。

（4）螺线管中恒定磁场 H_0 的计算式为：$H_0 = (4\pi \times 10^{-3} nI\cos\beta)/L$，式中 n 为线圈总匝数，L 为线圈长度（m），$\cos\beta = 0.9$。

【思考题】

1. 产生磁共振的条件是什么？
2. 为什么必须加边限振荡器？
3. 为何必须加扫场后才能看到共振信号？
4. 在实际测量时，为什么必须把共振信号调成等间距时才能读取直流电流的数值？
5. 在测量恒定磁场的数值时，为什么要使磁场反向一次？
6. 实验中如何判断射频场频率恰好与螺线管恒定磁场强度满足共振条件？

2.2 微波段电子自旋共振实验

【实验目的】

（1）了解电子自旋共振的基本原理。

（2）观察在微波段的电子自旋共振现象，测量 DPPH 自由基中的电子 g 因子，估算横向弛豫时间和扫场幅度 ΔB。

【实验原理】

原子的磁性来源于原子磁矩。由于原子核的磁矩很小，可以略去不计，所以原子的总磁矩由原子中各电子的轨道磁矩和自旋磁矩所决定。原子的总磁矩 μ_J 与总角动量 P_J 之间满足如下关系：

$$\mu_J = -g\frac{\mu_B}{\hbar}P_J = \gamma P_J \tag{2-7}$$

式中 μ_B 为波尔磁子，$\hbar$ 为约化普朗克常量。由上式可知，旋磁比

$$\gamma = -g\frac{\mu_B}{\hbar} \tag{2-8}$$

按照量子理论，电子的 $L-S$ 耦合结果，朗德因子

$$g = 1 + \frac{J(J+1) + S(S+1) - L(L+1)}{2J(J+1)} \qquad (2-9)$$

由此可见，若原子的磁矩完全由电子自旋磁矩贡献（$L=0$，$J=S$），则 $g=2$。反之，若磁矩完全由电子的轨道磁矩所贡献（$S=0$，$J=1$），则 $g=1$。若自旋和轨道磁矩两者都有贡献，则 g 的值介于 1 与 2 之间。因此，精确测定 g 的值便可判断电子运动的影响，从而有助于了解原子的结构。

将原子磁矩不为零的顺磁物质置于外磁场 B_0 中，则原子磁矩与外磁场相互作用能为

$$E = -\mu_J \cdot B_0 = -\gamma m \hbar B_0 \qquad (2-10)$$

那么，相邻磁能级之间的能量差

$$\Delta E = -\gamma \hbar B_0 \qquad (2-11)$$

如果垂直于外磁场 B_0 的方向上加一振幅值很小的交变磁场，当交变磁场的角频率 ω 满足共振条件

$$\hbar \omega = \Delta E = -\gamma \hbar B_0 \qquad (2-12)$$

则原子在相邻磁能级之间发生共振跃迁，这种现象称为电子自旋共振，又叫顺磁共振。在顺磁物质中，由于电子受到原子外部电荷的作用，使电子轨道平面发生旋进，电子的轨道角动量量子数 L 的平均值为 0。当作一级近似时，可以认为电子轨道角动量近似为零，因而顺磁物质中的磁矩主要是电子自旋磁矩的贡献。

本实验的样品为 DPPH，实际上样品是一个含有大量不成对的电子自旋所组成的系统，它们在磁场中只分裂为两个赛曼能级。在热平衡时，分布于各赛曼能级上的粒子数服从玻尔兹曼分布，即低能级上的粒子数总比高能级上的多一些。因此，即使粒子数因感应辐射由高能级跃迁到低能级的概率和粒子因感应吸收由低能级跃迁到高能级的概率相等，但由于低能级的粒子数比高能级的多，也是感应吸收占优势，从而观测不到共振现象，即所谓的饱和。但实际上共振现象仍可继续发生，这是弛豫过程在起作用，弛豫过程使整个系统有恢复到玻尔兹曼分布的趋势。两种作用的综合效应，使自旋系统达到动态平衡，电子自旋共振现象就能维持下去。

电子自旋共振也有两种弛豫过程。一是电子自旋与晶格交换能量，使得处在高能级的粒子把一部分能量传给晶格，从而返回低能级，这种作用称为自旋-晶格弛豫。自旋-晶格弛豫时间用 T_1 表征。二是自旋粒子相互之间交换能量，使它们的旋进相位趋于随机分布，这种作用称作自旋-自旋弛豫。自旋-自旋弛豫时间用 T_2 表征。这个效应使共振谱线展宽 T_2 与谱线的半高宽

$\Delta\omega$ 有关系为 $\Delta\omega \propto \dfrac{2}{T_2}$。

【实验仪器】

微波电子自旋共振谱仪由产生恒定磁场的电磁铁及电源，产生交变磁场的微波源和微波电路，带有待测样品的谐振腔以及共振信号的检测和显示系统等组成，图 2-5 是该谱仪的方框图。下面对微波源、魔 T、可调矩形谐振腔和单螺调配器等做简单介绍。

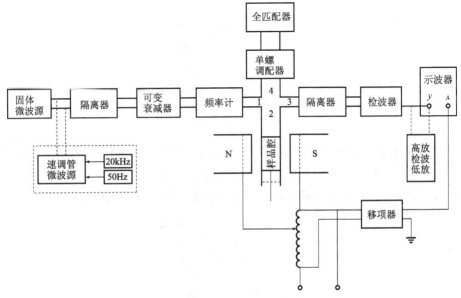

图 2-5　微波段电子自旋共振谱仪方框图

（1）微波源：微波源采用固体微波源。

（2）可调的矩形谐振腔：可调的矩形谐振腔结构如图 2-6 所示，它既为样品提供线偏振磁场，同时又将样品吸收偏振磁场能量的信息传递出去。谐

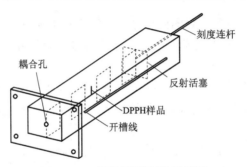

图 2-6　可调矩形谐振腔示意图

振腔的末端是可移动的活塞，调节其位置，可以改变谐振腔的长度，腔长可以从带游标的刻度连杆读出。为了保证样品处于微波磁场最强处，在谐振腔宽边正中央开了一条窄槽，通过机械传动装置可以使样品处于谐振腔中的任何位置。样品在谐振腔中的位置可以从窄边上的刻度直接读出。该图还画出了矩形谐振腔谐振时微波磁力线的分布意图。

（3）魔 T：魔 T 的作用是分离信号，并使微波系统组成微波桥路，其结构如图 2-7 所示。按照其接头的工作特性，分微波从任一臂输入时，都进入相邻两臂，而不进入相对臂。

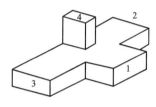

图 2-7　魔 T 结构图

（4）单螺调配器：单螺调配器是在波导宽边上开窄槽，槽中插入一个深度和位置都可以调节的金属探针，当改变探针穿伸到波导内的深度和位置时，可以改变此臂反射波的幅值和相位。该元件的结构示意图如图 2-8 所示。

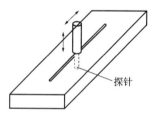

图 2-8　单螺调配器示意图

【实验内容和步骤】

（1）开机器预热后，对固体信号源加载工作电压（耿氏二极管 10 V，变容二极管 2~5 V，工作电流 150 mA）。关机时，应先调节耿氏二极管的电压为零。

（2）仔细调节永磁铁的转动手轮，观察到信号出现，并以三个等间隔共振峰为准，再仔细调节单螺调配器的位置，观察信号的吸收、色散、过饱和等不同状态变化。

（3）利用频率计测量出发生共振的频率，用特斯拉计测量共振磁场 B_0 的大小，由 $h\nu = g\mu_B B_0$ 计算出 g 的大小。

（4）计算扫场幅度

$$\Delta B = \frac{B_0 (D_2 - D_1)}{D_1}$$

式中，D_1 为三峰等间隔时永磁铁间距，D_2 为二峰合一时永磁铁的间距。

（5）计算横向弛豫时间

$$T_2 = \frac{B}{(2\pi)^2 \nu \cdot \nu_0 \cdot \Delta T \cdot \Delta B}$$

式中，ν 为共振频率，ν_0 为扫场频率 50 Hz，ΔT 为三峰等间隔时的信号半高宽，一般计算出的电子横向弛豫时间在 10^{-9} s 范围。

【思考题】

1. 电子自旋共振的基本原理是怎样的？

2. 在微波段电子自旋共振实验中，应怎样调节微波系统才能搜索到共振信号？为什么？

3. 实验中不加扫场，能否观察到共振信号？为什么？

实验 3

核磁共振实验

核磁共振技术由1946年美国哈佛大学的珀塞尔（E. M. Purcell）和斯坦福大学的布洛赫（F. Bloch）宣布，至今核磁共振理论已经成为一种探索研究物质的微观结构和性质的分析手段，由这项科学发现形成的新技术，不仅广泛应用于物理学、化学、材料科学，成为生命科学和医学领域中最重要的分析、诊断工具，与之相关的研究获得过两次诺贝尔奖（1952年度物理学奖、2003年度生理学或医学奖）。

核磁共振自发现至今已经有60年历史了，半个多世纪以来，无论是在研究内容的深度还是应用范围的广度，核磁共振都取得了迅速的发展。时至今日，核磁共振及应用技术仍在提高、发展中，特别是核磁共振与穆斯堡尔效应的结合，将可能提供物质微观结构的更多信息，利用核磁共振成像原理将为科学研究和实际应用提供更广泛的空间，非氢核的核磁共振成像的研究，会使其为医学和生物学提供更方便、更精细的检测手段。人们目前熟悉的用于医学临床诊断的核磁共振成像技术，是靠质子的核磁共振成像技术完成的。因为在人体软组织中，水和脂肪都含有氢，各部分的质子密度和质子的周围环境不同，因而在外磁场中的核磁共振信号的强度和宽度等特性也不同，由此可以在不使用对人体有害的辐射情况下确定人体组织中的异常组织。

核磁共振，是指具有磁矩的原子核在恒定磁场中由电磁波引起的共振跃迁现象。1945年12月，美国哈佛大学的珀塞尔等人报道了他们在石蜡样品中观察到质子的核磁共振吸收信号；1946年1月，美国斯坦福大学布洛赫等人也报道了他们在水样品中观察到质子的核感应信号。两个研究小组用了略微不同的方法，几乎同时在凝聚物质中发现了核磁共振。因此，布洛赫和珀塞尔荣获了1952年的诺贝尔物理学奖。

后来，许多物理学家进入了这个领域，取得了丰硕的成果。目前，核磁共振已经广泛地应用到许多科学领域，是物理、化学、生物和医学研究中的一项重要的实验技术。它是测定原子的核磁矩和研究核结构的直接而又准确的方法，也是精确测量磁场的重要方法之一。

【实验原理】

下面我们以氢核为主要研究对象，以此来介绍核磁共振的基本原理和观测方法。氢核虽然是最简单的原子核，但同时也是目前在核磁共振应用中最常见和最有用的核。核磁共振的量子力学描述如下。

1. 单个核的磁共振

通常将原子核的总磁矩在其角动量 $\boldsymbol{P}$ 方向上的投影 $\boldsymbol{\mu}$ 称为核磁矩，它们之间的关系通常写成

$$\boldsymbol{\mu} = \gamma \cdot \boldsymbol{P}$$

或

$$\boldsymbol{\mu} = g_N \cdot \frac{e}{2m_p} \cdot \boldsymbol{P} \tag{3-1}$$

式中，$\gamma = g_N \cdot \frac{e}{2m_p}$ 称为旋磁比；e 为电子电荷；m_p 为质子质量；g_N 为朗德因子。对氢核来说，$g_N = 5.5851$。

按照量子力学，原子核角动量的大小由下式决定

$$P = \sqrt{I(I+1)}\hbar \tag{3-2}$$

式中，$\hbar = \frac{h}{2\pi}$，h 为普朗克常数。I 为核的自旋量子数，可以取 $I = 0$, $\frac{1}{2}$, 1, $\frac{3}{2}$, …，对氢核来说，$I = \frac{1}{2}$。

把氢核放入外磁场 $\boldsymbol{B}$ 中，可以取坐标轴 z 方向为 $\boldsymbol{B}$ 的方向。核的角动量在 $\boldsymbol{B}$ 方向上的投影值由下式决定

$$P_B = m \cdot \hbar \tag{3-3}$$

式中，m 称为磁量子数，可以取 $m = I, I-1, …, -(I-1), -I$。核磁矩在 $\boldsymbol{B}$ 方向上的投影值为

$$\mu_B = g_N \frac{e}{2m_p} P_B = g_N \left(\frac{eh}{2m_p}\right) m$$

将它写为

$$\mu_B = g_N \mu_N m \tag{3-4}$$

式中，$\mu_N = 5.050787 \times 10^{-27} \text{ JT}^{-1}$，称为核磁子，是核磁矩的单位。

磁矩为 $\boldsymbol{\mu}$ 的原子核在恒定磁场 $\boldsymbol{B}$ 中具有的势能为

$$E = -\boldsymbol{\mu} \cdot \boldsymbol{B} = -\mu_B \cdot B = -g_N \cdot \mu_N \cdot m \cdot B$$

任何两个能级之间的能量差为

$$\Delta E = E_{m1} - E_{m2} = -g_N \cdot \mu_N \cdot B \cdot (m_1 - m_2) \tag{3-5}$$

考虑最简单的情况，对氢核而言，自旋量子数 $I = \dfrac{1}{2}$，所以磁量子数 m 只能取两个值，即 $m = \dfrac{1}{2}$ 和 $m = -\dfrac{1}{2}$。磁矩在外场方向上的投影也只能取两个值，如图 3-1 中（a）所示，与此相对应的能级如图 3-1 中（b）所示。

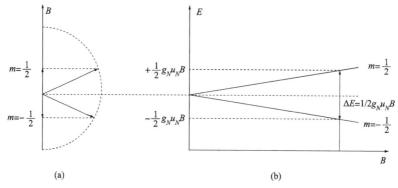

图 3-1　氢核能级在磁场中的分裂

根据量子力学中的选择定则，只有 $\Delta m = \pm 1$ 的两个能级之间才能发生跃迁，这两个跃迁能级之间的能量差为

$$\Delta E = g_N \cdot \mu_N \cdot B \tag{3-6}$$

由这个公式可知：相邻两个能级之间的能量差 ΔE 与外磁场 $\boldsymbol{B}$ 的大小成正比，磁场越强，则两个能级分裂也越大。

如果实验时外磁场为 $\boldsymbol{B}_0$，在该稳恒磁场区域又叠加一个电磁波作用于氢核，如果电磁波的能量 $h\nu_0$ 恰好等于这时氢核两能级的能量差 $g_N \mu_N B_0$，即

$$h\nu_0 = g_N \mu_N B_0 \tag{3-7}$$

则氢核就会吸收电磁波的能量，由 $m = \dfrac{1}{2}$ 的能级跃迁到 $m = -\dfrac{1}{2}$ 的能级，这就是核磁共振吸收现象。式（3-7）就是核磁共振条件。为了应用上的方便，常写成

$$\nu_0 = \left(\dfrac{g_N \cdot \mu_N}{h}\right) B_0, \quad 即\ \omega_0 = \gamma \cdot B_0 \tag{3-8}$$

2. 核磁共振信号的强度

上面讨论的是单个的核放在外磁场中的核磁共振理论。但实验中所用的样品是大量同类核的集合。如果处于高能级上的核数目与处于低能级上的核数目没有差别，则在电磁波的激发下，上下能级上的核都要发生跃迁，并且跃迁概率是相等的，吸收能量等于辐射能量，我们终究观察不到任何核磁共

振信号。只有当低能级上的原子核数目大于高能级上的核数目，吸收能量比辐射能量多，这样才能观察到核磁共振信号。在热平衡状态下，核数目在两个能级上的相对分布由玻尔兹曼因子决定：

$$\frac{N_1}{N_2} = \exp\left(-\frac{\Delta E}{kT}\right) = \exp\left(-\frac{g_N\mu_N B_0}{kT}\right) \quad (3-9)$$

式中，N_1 为低能级上的核数目，N_2 为高能级上的核数目，ΔE 为上下能级间的能量差，k 为玻尔兹曼常数，T 为绝对温度。当 $g_N\mu_N B_0 << kT$ 时，上式可以近似写成

$$\frac{N_1}{N_2} = 1 - \frac{g_N\mu_N B_0}{kT} \quad (3-10)$$

上式说明，低能级上的核数目比高能级上的核数目略微多一点。对氢核来说，如果实验温度 $T = 300$ K，外磁场 $B_0 = 1$ T，则

$$\frac{N_1}{N_2} = 1 - 6.75 \times 10^{-6}$$

或

$$\frac{N_1 - N_2}{N_1} \approx 7 \times 10^{-6}$$

这说明，在室温下，每百万个低能级上的核比高能级上的核大约只多出 7 个。这就是说，在低能级上参与核磁共振吸收的每 100 万个核中只有 7 个核的核磁共振吸收未被共振辐射所抵消。所以核磁共振信号非常微弱，检测如此微弱的信号，需要高质量的接收器。

由式（3-10）可以看出，温度越高，粒子差数越小，对观察核磁共振信号越不利。外磁场 B_0 越强，粒子差数越大，越有利于观察核磁共振信号。一般核磁共振实验要求磁场强一些，其原因就在这里。

另外，要想观察到核磁共振信号，仅仅磁场强一些还不够，磁场在样品范围内还应高度均匀，否则磁场多么强也观察不到核磁共振信号。原因之一是，核磁共振信号由式（3-7）决定，如果磁场不均匀，则样品内各部分的共振频率不同。对某个频率的电磁波，将只有少数核参与共振，结果信号被噪声所淹没，难以观察到核磁共振信号。

【仪器与装置】

核磁共振实验仪主要包括磁铁及调场线圈、探头与样品、边限振荡器、磁场扫描电源、频率计及示波器。

实验装置图如图 3-2 所示。

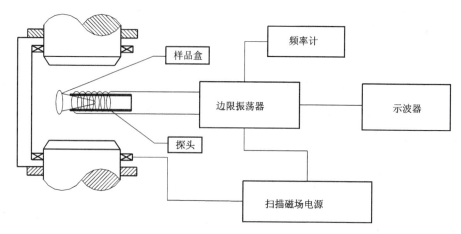

图3-2 核磁共振实验装置示意图

1. 磁铁

磁铁的作用是产生稳恒磁场 B_0，它是核磁共振实验装置的核心，要求磁铁能够产生尽量强的、非常稳定、非常均匀的磁场。首先，强磁场有利于更好地观察核磁共振信号；其次，磁场空间分布均匀性和稳定性越好，则核磁共振实验仪的分辨率越高。核磁共振实验装置中的磁铁有三类：永久磁铁、电磁铁和超导磁铁。永久磁铁的优点是，不需要磁铁电源和冷却装置，运行费用低，而且稳定度高。电磁铁的优点是通过改变励磁电流可以在较大范围内改变磁场的大小。为了产生所需要的磁场，电磁铁需要很稳定的大功率直流电源和冷却系统，另外还要保持电磁铁温度恒定。超导磁铁最大的优点是能够产生高达十几特斯拉的强磁场，对大幅度提高核磁共振谱仪的灵敏度和分辨率极为有益，同时磁场的均匀性和稳定性也很好，是现代谱仪较理想的磁铁，但仪器使用液氮或液氦给实验带来了不便。上海复旦天欣科教仪器有限公司生产的 FD-CNMR-I 型核磁共振教学仪采用永磁铁，磁场均匀度高于 5×10^{-6}。

2. 边限振荡器

边限振荡器具有与一般振荡器不同的输出特性，其输出幅度随外界吸收能量的轻微增加而明显下降，当吸收能量大于某一阈值时即停振，因此通常被调整在振荡和不振荡的边缘状态，故称为边限振荡器。

如图3-2所示，样品放在边限振荡器的振荡线圈中，振荡线圈放在固定磁场 B_0 中，由于边限振荡器是处于振荡与不振荡的边缘，当样品吸收的能量不同（即线圈的 Q 值发生变化）时，振荡器的振幅将有较大的变化。

当发生共振时，样品吸收增强，振荡变弱，经过二极管的倍压检波，就可以把反映振荡器振幅大小变化的共振吸收信号检测出来，进而用示波器显示。由于采用边限振荡器，所以射频场 B_1 很弱，饱和的影响很小。但如果电路调节得不好，偏离边线振荡器状态很远，一方面射频场 B_1 很强，出现饱和效应，另一方面，样品中少量的能量吸收对振幅的影响很小，这时就有可能观察不到共振吸收信号。这种把发射线圈兼作接收线圈的探测方法称为单线圈法。

3. 扫场单元

观察核磁共振信号最好的手段是使用示波器，但是示波器只能观察交变信号，所以必须想办法使核磁共振信号交替出现。有两种方法可以达到这一目的。一种是扫频法，即让磁场 B_0 固定，射频场 B_1 的频率 ω 连续变化，通过共振区域，当 $\omega = \omega_0 = \gamma \cdot B_0$ 时出现共振峰。另一种方法是扫场法，即把射频场 B_1 的频率 ω 固定，而让磁场 B_0 连续变化，通过共振区域。这两种方法是完全等效的。

由于扫场法简单易行，确定共振频率比较准确，所以现在通常采用大调制场技术：在稳恒磁场 B_0 上叠加一个低频调制磁场 $B_m \sin\omega' t$，这个低频调制磁场就是由扫场单元（实际上是一对亥姆霍兹线圈）产生的。那么此时样品所在区域的实际磁场为 $B_0 + B_m \sin\omega' t$。由于调制场的幅度 B_m 很小，总磁场的方向保持不变，只是磁场的幅值按调制频率发生周期性变化（其最大值为 $B_0 + B_m$，最小值 $B_0 - B_m$），相应的拉摩尔运动频率 ω_0 也相应地发生周期性变化，即

$$\omega_0 = \gamma \cdot (B_0 + B_m \sin\omega' t) \qquad (3-11)$$

这时只要射频场的角频率 ω 调在 ω_0 变化范围之内，同时调制磁场扫过共振区域，即 $B_0 - B_m \leq B_0 \leq B_0 + B_m$，则共振条件在调制场的一个周期内被满足两次，所以在示波器上观察到如图 3-3 中（b）所示的共振吸收信号。此时若调节射频场的频率，则吸收曲线上的吸收峰将左右移动。当这些吸收峰间距相等时，如图 3-3 中（a）所示，则说明在这个频率下的共振磁场为 B_0。

值得指出的是，如果扫场速度很快，也就是通过共振点的时间比弛豫时间小得多，这时共振吸收信号的形状会发生很大的变化。在通过共振点之后，会出现衰减振荡。这个衰减的振荡称为"尾波"，这种尾波非常有用，因为磁场越均匀，尾波越大（见附录Ⅳ）。

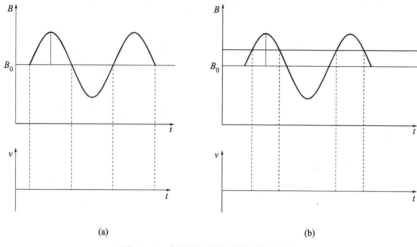

图3-3 扫场法检测共振吸收信号

【实验内容与方法】

1. 熟悉各仪器的性能并用相关线连接

实验中,FD-CNMR-I型核磁共振仪主要应用五部分:磁铁、磁场扫描电源、边限振荡器(其上装有探头,探头内装样品)、频率计和示波器。仪器连线如图3-4所示:

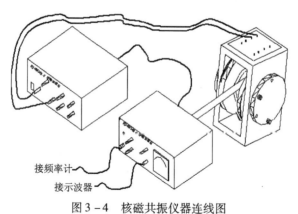

图3-4 核磁共振仪器连线图

(1) 首先将探头旋进边限振荡器后面板指定位置,并将测量样品插入探头内。

(2) 将磁场扫描电源上"扫描输出"的两个输出端接磁铁面板中的一组接线柱(磁铁面板上共有四组,是等同的,实验中可以任选一组),并将磁场扫描电源机箱后面板上的接头与边限振荡器后面板上的接头用相关线连接。

(3) 将边限振荡器的"共振信号输出"用 Q9 线接示波器"CH1 通道"或者"CH2 通道","频率输出"用 Q9 线接频率计的 A 通道(频率计的通道选择:A 通道,即 1 Hz ~ 100 MHz;FUNCTION 选择:FA;GATE TIME 选择:1 s)。

(4) 移动边限振荡器将探头连同样品放入磁场中,并调节边限振荡器机箱底部四个调节螺丝,使探头放置的位置保证使内部线圈产生的射频磁场方向与稳恒磁场方向垂直。

(5) 打开磁场扫描电源、边线振荡器、频率计和示波器的电源,准备后面的仪器调试。

2. 核磁共振信号的调节

FD-CNMR-I 型核磁共振仪配备了六种样品:1#——硫酸铜,2#——三氯化铁,3#——氟碳,4#——丙三醇(甘油),5#——纯水,6#——硫酸锰。实验中,因为硫酸铜的共振信号比较明显,所以开始时应该用 1# 样品,熟悉了实验操作之后,再选用其他样品调节。

(1) 将磁场扫描电源的"扫描输出"旋钮顺时针调节至接近最大(旋至最大后,再往回旋半圈,因为最大时电位器电阻为零,输出短路,因而对仪器有一定的损伤),这样可以加大捕捉信号的范围。

(2) 调节边限振荡器的频率"粗调"电位器,将频率调节至磁铁标志的 H 共振频率附近,然后旋动频率调节"细调"旋钮,在此附近捕捉信号,当满足共振条件 $\omega = \gamma \cdot B_0$ 时,可以观察到如图 3-5 所示的共振信号。调节旋钮时要尽量慢,因为共振范围非常小,很容易跳过。

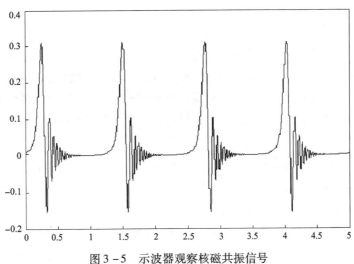

图 3-5 示波器观察核磁共振信号

注：因为磁铁的磁感应强度随温度的变化而变化（成反比关系），所以应在标志频率附近 ±1 MHz 的范围内用"频率细调"旋钮进行信号的捕捉！

（3）调出大致共振信号后，降低扫描幅度，调节频率"微调"至信号等宽，同时调节样品在磁铁中的空间位置以得到尾波最多的共振信号。

（4）测量氟碳样品时，将测得的氢核的共振频率 $\div 42.577 \times 40.055$，即得到氟的共振频率（例如：测量得到氢核的共振频率为 20.000 MHz，则氟的共振频率为 $20.000 \div 42.577 \times 40.055$ MHz = 18.815 MHz）。将氟碳样品放入探头中，将频率调节至磁铁上标志的氟的共振频率值，并仔细调节得到共振信号。由于氟的共振信号比较小，故此时应适当降低扫描幅度（一般不大于 3 V），这是因为样品的弛豫时间过长导致饱和现象而引起信号变小。射频幅度随样品而异。表 3-1 列举了部分样品的最佳射频幅度，在初次调试时应注意，否则信号太小不容易观测。

表 3-1 部分样品的弛豫时间及最佳射频幅度范围

样品	弛豫时间（T_1）	最佳射频幅度范围/V
硫酸铜	约 0.1 ms	3~4
甘油	约 25 ms	0.5~2
纯水	约 2 s	0.1~1
三氯化铁	约 0.1 ms	3~4
氟碳	约 0.1 ms	0.5~3

【实验内容】

（1）测量样品所在处的磁感应强度。

将探头装入样品（加有硫酸铜的水），测量氢核的共振频率（氢核的共振频率在 19~21 MHz 范围）。将振荡器的频率粗调至 20 MHz 后，再用细调旋钮仔细调节。调出共振信号后，将信号调成等间距（间隔 10 ms）后读出共振频率（记录 5 次频率值）并记录共振信号图形（要准确记录其高度）。由共振条件：$\omega_0 = \gamma \cdot B_0$ 可计算出样品所在处的磁感应强度 B_0 及其不确定度（氢核旋磁比数值为：$\gamma = 2.6752 \times 10^8$ Hz/T）。

（2）测量氟碳样品的旋磁比 γ_F。

将探头中样品换成氟碳样品，在同样的磁感应强度下调节振荡器频率，使示波器出现等间距共振信号，记录共振信号图形（要准确记录其高度），记录共振频率数值（5 次）。

利用式 $\gamma_F = \dfrac{\omega}{B_0}$，求出 γ_F 值、不确定度和相对误差（γ_F 的标准值为 2.5167×10^8 Hz/T）

（3）将探头样品换成纯水，观察共振现象，记录其图形（要准确记录其高度），与加有硫酸铜的水做比较并解释。

（4）将探头中样品换成加有硫酸铜的水，移动探头在磁铁中的位置，观察尾波变化情况，做出记录并解释这种变化。

（5）利用尾波估算磁场空间分布的不均匀性：

$$\frac{\Delta B}{B} = \frac{2\pi \omega_m L_n}{\omega_0 \sin^{-1}} \frac{(y_0/y)}{(x/x_0)}$$

式中，y_0 为 $t=0$ 时共振信号峰值，x_0 为 x 轴上尾波消失时的最大距离。x 和 y 则分别为某一尾波波峰的横坐标和纵坐标。ω_m 和 ω_0 分别为调制磁场和共振时的射频信号的角频率。

（6）在坐标纸上作出加入硫酸铜的水、氟碳及纯水的信号图形。

【思考题】

1. 测量磁铁的磁场时，为什么要把共振信号调成等间距，而且间距为 10 ms？
2. 观察核磁共振信号时，为什么要使用强磁场？
3. 什么叫弛豫过程？什么叫弛豫时间？
4. 什么叫自旋－晶格弛豫？
5. 什么叫自旋－自旋弛豫？
6. 观察氢核的共振信号时，为什么要在水中加入硫酸铜？
7. 如何由尾波判断磁场是否均匀？
8. 某些物质的共振信号中为什么存在尾波？

实验 4

夫兰克－赫兹实验

在玻尔提出原子结构的量子理论后，夫兰克（J. Frank）和赫兹（G. Hertz）于1814年在研究气体放电现象中低能电子与原子间相互作用时，偶然地发现了原子的激发能态和量子化的吸收现象。他们在测量中通过改变加速电压，使电子以不同的能量与原子碰撞，观察碰撞后电子能量的变化，以间接了解原子能量的变化。在对结果的分析中，他们发现了原子量子化吸收和原子的激发能态，并观察到原子由激发态跃迁到基态时辐射出的光谱线，从而直接证明了玻尔原子结构的量子理论，为此他们获得了1925年的诺贝尔物理学奖。当时他们所测定的是汞原子的第一激发电位，后来（1920年）夫兰克和爱因西彭（Einsporn）又进一步对仪器进行改进，测量了原子较高的激发态电位。赫兹也用类似的方法测量了电子的电离电位，这更加完善了玻尔对原子结构的量子理论证明。

4.1 汞原子第一激发电位的测定

【实验目的】

通过电子碰撞原子的方法，测定汞原子的第一激发电位，从而证明原子能级的存在。

【实验原理】

原子内部能量的量子化，也就是原子能级的存在，除了可由光谱的研究推得外，还有别的方法可以证明，1914年，夫兰克和赫兹用电子碰撞原子的方法，使原子从低能级激发到高能级，直接证明了原子能级的存在。

本实验通过测定汞原子的第一激发电位证明能级的存在。根据玻尔理论，原子的跃迁必须满足普朗克公式：

$$h\nu = E_m - E_n$$

式中，h 为普朗克常数，ν 为辐射频率，E_m、E_n 表示两定态的能量。

原子状态的改变，通常发生在：一，当原子本身吸收或放出电磁辐射；二，当原子与其他离子发生碰撞而交换能量时。在这两种情况下，能够控制原子所处状态最方便的方法是用电子轰击原子，电子的动能则通过改变加速电位的方法加以调节。

处于正常状态的原子发生状态变化时，其所需的能量不能少于该原子从正常状态跃迁到第一激发态时需要的能量（称为临界能量），当电子与原子相碰撞时，如果电子的能量小于临界能量，则发生弹性碰撞。碰撞前后的能量几乎相等，而只改变了运动方向。如果电子能量大于临界能量，则发生非弹性碰撞，这时电子给原子跃迁到第一激发态提供所需能量，其余的能量仍由电子保留。

设加速电位为 U，则电子具有的能量为 eU，其中 e 为电子电荷。当 U 值小时，电子与原子只能发生弹性碰撞。当电位差等于 U_{Hg} 时，电子具有的能量恰好使原子从正常态跃迁到第一激发态，U_{Hg} 就称为第一激发电位。继续增加 U 时，电子的能量就逐渐上升到足够使原子跃迁到更高的激发态（第一，第二，……），最后到某一值 U_1 时，电子的能量足以使原子电离，U_1 就称为电离电位。

夫兰克－赫兹实验原理如图 4–1 所示：在充汞的夫兰克－赫兹管中，热阴极 K 发出电子。阴极 K 与栅极 G_2 之间的加速电压 U_{G_2K} 使电子加速。在极板 A 和栅极 G_2 之间加有反向电压 U_{G_2A}。当电子通过 KG_2 空间时，如果具有较大能量（$>eU_{G_2A}$）就能冲过反向电压而到达板极，形成板极电流，为弱电流计 A 测出，如果在 KG_2 空间因与汞原子碰撞把自己一部分能量给了原子而使后者激发，电子剩下的能量很小，以致通过栅极后已不足以克服反向电场而被

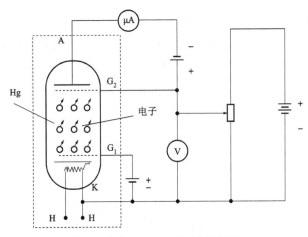

图 4–1　夫兰克－赫兹实验原理图

反回。实验时,逐渐升高加速电位 U_{G_2K}。板极电流 I 也随之增加,当加速电位 U_{G_2K} 等于或稍大于汞原子第一电位时,在栅极 G 附近电子的动能等于或稍大于汞原子第一激发能,此时若电子与原子碰撞就会将汞原子激发,电子失去几乎全部动能,这些电子将不能克服反向电压 U_{G_2A} 而达到阴极、电流 I 开始下降,继续升高加速电压 U_{G_2K},电子的动能亦增加,这时电子即使在 KG 空间与汞原子相碰撞损失大部分能量,仍可克服反向电压 U_{G_2A} 而达到板极 A。因而电流 I 回升。直到 KG_2 电压是两倍汞原子激发电位时,电子在 KG_2 间会因二次碰撞而失去能量,因此造成第二次电流 I 下降,同理可知,凡在

$$U_{G_2K} = nU_{Hg} \quad n = 1, 2, 3, \cdots$$

的地方,板极电流都会相应下降,各次板极电流 I 下降所对应的阴极、栅极电位差 U_{G_2K} 即是汞原子的第一激发电位 U_{Hg},图 4-2 是汞原子的 F-H 实验曲线。原子激发态是不稳定的,在实验中被电子轰击到第一激发态的汞原子将通过辐射频率为 ν 的光子放出能量 $h\nu$,可以计算出光辐射的波长 λ。若在夫兰克-赫兹管内充以其他元素,则可得到其他元素的第一激发电位,如钠为 2.1 V,钾为 1.6 V,氮为 2.1 V 等。

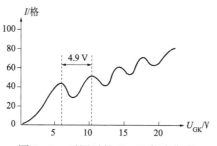

图 4-2 汞原子的 F-H 实验曲线

我们实验用的 F-H 实验装置,包括供给 F-H 管各级工作的电源(一组灯丝源,三组直流稳压电源和一组扫描电源)、电压表电路、微电阻放大器和恒温控制电路,并备用有 F-H 管和恒温电炉,实验装置框图如图 4-3 所示。

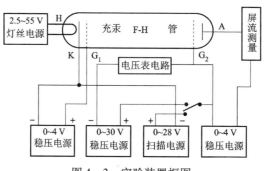

图 4-3 实验装置框图

F-H管是改进能够充汞的四级管,在原三极管内靠近阴极处加有一栅极 G_1(原有栅极为 G_2)如图 4-1 的虚框所示,把加速和碰撞分在两个区域进行,加速在 KG_1 间进行,KG_1 间的距离近,小于电子在汞气中的平均自由程,与汞原子的碰撞的机会少,在 KG_1 间有可能把能量加高,而 G_1、G_2 相对距离很大,故具有一定能量的电子主要在 G_1、G_2 室内与气态汞原子发生碰撞并交换能量。对那些能量是汞原子激发能量整数倍的电子将与汞原子发生碰撞而失去其全部能量,在拒斥电压 U_{G_2A} 的作用下被阻止而不能达到板极,对那些能量不是汞原子激发能量整数倍的电子和汞原子碰撞的能量中,还留有足够的能量可克服反电场而达 A 极。这样随 U_{G_2K} 的增加,屏流 I 会出现鲜明的起伏变化。从 I 的峰点(或谷点)所对应的 U_{G_2K} 值,即可求得汞原子的激发电位,同样通过激发电位定标也可测得电离电位。板流 I(约 10^{-3} A)经电流放大器后,送入 50 μA 电流表或示波器的 y 轴。直流放大器倍数在 50~100 范围内连续可调。由于对 I 的测量只需读出相对值,只要选择一个适当的放大倍数,使电流表在 I 值最大时有接近满量程的指示即可。当用示波器时放大倍数可选最大,在 y 轴有尽量大的输入信号。U_{G_2K} 由 0~30 V 连续可调的直流稳压电源或 0~(28±1) V 扫描电源供给。机内电压表用来测量 U_{G_1K},U_{G_2A} 和 U_{G_2K} 时,电压表本身量程保持 10 V 不变。扫描电压可观察 $U_{G_2K} \sim I$ 的连续变化。机内表用来指示扫描电压。它的量程为 28 V,扫描电压可送入示波器或 $x-y$ 记录仪的 x 轴。F-H 管置于恒温电炉内加热,并维持一适当的温度(150℃),这个温度对电子与原子碰撞过程的影响是关键。因为管内有足够量的液体汞,保证在使用温度范围内汞蒸气总是处于饱和状态。温度的变化影响汞的饱和蒸气压,从而使原子和电子碰撞的平均自由程 $\bar{\lambda}$ 的路程改变。在 KG_2 空间,电子在一个平均自由程 $\bar{\lambda}$ 的路程中(即在相邻的两次碰撞间平均)获得一份能量为 $K=eE\bar{\lambda}$。其中 E 为阴极一栅极的电场强度,温度较高时平均自由程短(如 150℃时 $\bar{\lambda}$ 约为 0.2 mm),K 值小,因而一个电子在两次碰撞之间得到足够的能量去激发较高能级的机会就比较小,而激发低能级的机会就大。相反,温度低时,$\bar{\lambda}$ 大(如 100℃时 $\bar{\lambda}$ 约为 2 mm),K 值比较大,一个电子在两次碰撞之间就有较大的机会获得足够的能量去激发高能级,甚至使电子电离。

【实验仪器】

F-H 实验装置一套,直流复射式检流计一个。

F-H 管如图 4-1 虚框所示:K 为傍热式阴极。电灯丝 H 加热,G_1 为第一加速栅极,G_2 为第二加速栅极,A 为阳极(也叫屏极)。

在 F-H 实验装置的前面板上除有电源开关外,还有灯丝旋钮,用以改变管灯丝电压,选择 I 旋钮,用来改变电压表的工作状态。当其置于"U_{G_1K}"或"U_{G_2A}"时,电压表指示的是 G_1K 或 G_2K 间的电压,量程为 10 V,当选择 I 置于 10 V、20 V、30 V 时测量的是 G_2K 间的电压 U_{G_2K}。应指出的是:在置于"10 V"时,表头的读数即为 U_{G_2K} 的值;当置于"20 V"时,U_{G_2K} 的值等于表头的读数加上 10 V;当值于"30 V"时,U_{G_2K} 的值等于表头的值加上 20 V;选择 I 置于"扫描"时,电压用来表示 U_{G_2K} 间扫描电压,量程为 28 V;当置于"外"时,可用外接 30 V 电压表对 U_{G_2K} 测量。选择 II 旋扭,进行换接 G_2K 间的直流电源和扫描电源,并改换不同仪表对板流进行测量。当它置于内接时,机内放大器和电流表接通,并在 G_2K 间接入 0~30 V 直流稳压电源,当它置于"扫 I"时,G_2K 换交扫描电源,通过电流表和电压表可对 U_{G_2K} - I_P 进行连续观察,当它置于"扫 II"时机内电流表断开,可用示波器观测。当它置于外时,直流放大器段开,可用外接检流计对 I 进行直接测量。

此外还有调零旋钮(用来调节放大器零点),放大器旋钮(用来调节放大器倍数),温控旋钮(用来调节炉内温度,注意刻度不做温度读数),温控指示灯和电流表、电压等。

【实验步骤】

1. 准备工作

(1) 将仪器妥善地接通 F-Ht 芯电线,灯丝电压置于最低。U_{G_2K} - I 调到最小,接入热敏电阻,插好温度计。

(2) 将"选择 II"旋钮置于"外",将直流复射式检流计接入 F-H 装置后面板上的"外接检流计"插孔。

(3) 接通电源开关,调节 U_{G_1K}、U_{G_2A} 旋钮使 U_{G_1K} 为 1.5 V。U_{G_2A} 为 0.5~1.5。

(4) 接通电炉开关,待炉温为 120℃~160℃ 范围内某一温度,并稳定 30 分钟不变后,可进行汞的激发电位,当温度为 70℃~90℃ 时可测汞的电离电位。

2. 逐点手动测量

(1) 保持 U_{G_1K},U_{G_2A} 不变,改变 U_{G_2K},先定性观察 I 的变化,把各峰值和谷值记下来,再依次进行测量,每隔一伏测量一点,在板流的峰值和谷值点附近大约每 0.2 V 测量一点。

(2) 以 I 为纵坐标,U_{G_2K} 为横坐标作 I - U_{G_2K} 曲线。

(3) 用回归法求汞原子的第一激发电位 U_{Hg}。

【注意事项】

（1）仪器置于干燥通风处，切勿受潮且仪器周围不应有强电磁干扰。
（2）测量时 F–H 管的温度要保持恒温。
（3）测量激发电位时，若出现大量电离，应迅速减少灯丝电压或升高恒温炉内 F–H 管的温度，所以应注意，灯丝电压不得过大，以防烧坏管子。
（4）明确各旋钮的作用后，再按步骤扭动，不得胡乱扭动。

【思考题】

1. 灯丝电压对实验结果有何影响？是否影响第一激发电位？
2. 管中设置两个栅极的目的是什么？
3. 第一峰值（或第一谷值）与原点的差值为什么大于其他峰值（或谷值）之间的电压值？

4.2　氩原子第一激发电位的测定

【实验目的】

（1）学习夫兰克和赫兹研究原子能量量子化的基本思想和实验方法。
（2）了解电子和原子弹性碰撞和非弹性碰撞的机理。
（3）在室温条件下测量氩原子的第一激发态电位。

【实验仪器】

FD-FH-Ⅰ型夫兰克–赫兹实验仪。

【实验原理】

夫兰克–赫兹实验仪的核心为充氩气的四极管，其工作原理图如图 4–4 所示。

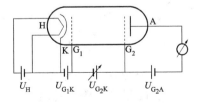

图 4–4　四极管工作原理图

当灯丝（H）点燃后，阴极（K）被加热，阴极上的氧化层即有电子逸出（发射电子），为消除空间电荷对阴极散射电子的影响，要在第一栅极（G_1）、阴极之间加上一电压 U_{G_1K}（一栅、阴电压）。如果此时在第二栅极（G_2）、阴极间也加上一电压 U_{G_2K}（二栅、阴电压），发射的电子在电场的作用下将被加速而取得越来越大的能量。

如图 4-5 所示，起始阶段，由于较低，电子的能量较小，即使在运动过程中与电子相碰撞（为弹性碰撞）只有微小的能量交换。这样，穿过二栅的电子到达阳极（A）（也惯称板极）所形成的电流（I_A）板流（习惯叫法，即阳极电流）将随二栅的电压 U_{G_2K} 的增加而增大，当 U_{G_2K} 达到氩原子的第一激发电位（11.53 V）时，电子在二栅附近与氩原子相碰撞（此时产生非弹性碰撞），电子把加速电场获得的全部能量传递给了氩原子，使氩原子从基态激发到第一激发态，而电子本身由于把全部能量传递给了氩原子，它即使穿过二栅极，也不能克服反向拒斥电场而被折回二栅极。

所以板极电流 I_A 将显著减小，以后随着二栅电压 U_{G_2K} 的增加，电子的能量也随之增加，与氩原子相碰撞后还留下足够的能量。这又可以克服拒斥电场的作用力而到达阳极，这时 I_A 又开始上升，直到 U_{G_2K} 是 2 倍氩原子的第一激发电位时，电子在 G_2 和 K 之间又会因为第二次非弹性碰撞而失去能量，因而又造成第二次 I_A 的下降，这种能量转移随着 U_{G_2K} 增加而发生 I_A 周期性变化，若以 U_{G_2K} 为横坐标，以 I_A 为纵坐标就可以得到一谱峰曲线，谱峰曲线两相邻峰尖（或谷点）间的 U_{G_2K} 电压差值，即为氩原子的第一激发电位值。

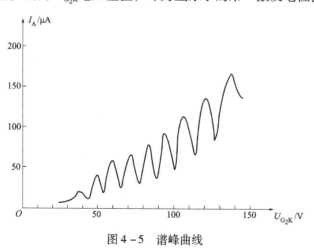

图 4-5　谱峰曲线

这个实验说明了夫兰克-赫兹管内的缓慢电子与氩原子相碰撞，使原子从低能级激发到高能级，并通过测量氩原子的激发电位值，说明了玻尔原子能级的存在。

【实验内容及实验步骤】

手动测量：

（1）插上电源，打开电源开关。

（2）调节控制栅电压旋钮（U_{G_1K}），使电压表的读数为 3.20 V，即阴极到第一栅极电压 U_{G_1K} 为 3.20 V。

（3）调节阳极电压旋钮（U_{G_2A}），使电压表的读数为 8.54 V，即阳极到第二栅极电压 U_{G_2A}（拒斥电压）为 8.54 V。

（4）调节电压旋钮（U_{G_2K}），使电压表的读数为 0 V，即阴极到第二栅极电压 U_{G_2K}（加速电压）为 0 V。

（5）调节灯丝电压旋钮 U_H，使电压表的读数为 2.91 V，即灯丝电压为 2.91 V。

灯丝电压 U_H（2.91 V）、控制栅电压 U_{G_1K}（3.20 V）、阳极电压 U_{G_2A}（8.54 V）为用本仪器进行实验建议采用电压值，用户根据充氩气管上所标的参数做实验。

（6）预热 10 分钟，此过程中可能各参数会有小的波动，请微调各旋钮到初设值。

（7）将扫描开关拨至"手动"挡，调节 U_{G_2K} 至最小，然后逐渐增大其值，寻找 I_A 值的极大和极小值点以及相应的 U_{G_2K} 值，即找出对应的极值点（I_A，U_{G_2K}），也即 $I_A - U_{G_2K}$ 关系曲线中波峰和波谷的位置。（注：实验记录数据时，I_A 电流值为表头示值"×10 nA"，U_{G_2K} 实际测量值为表头示值"×10 V"。）

（8）列表记录相应的电压、电流值，以输出阳极电流为纵坐标，第二栅电压为横坐标，做出氩原子的谱峰曲线。求出氩原子的第一激发电位，并与氩的第一激发电位理论值 11.55 V 相比，求出相对误差。

【注意事项】

实验开始前应检查所有电源的调节旋钮是否反时针旋到底，尤其必须将 U_{G_2K} 旋钮反时针旋到底后，再开电源。实验结束后应先把 U_{G_2K} 旋钮反时针旋到底后再将其他电源的调节旋钮反时针旋到底后再关机。

实验中（手动测量）电压加到 60 V 以后，增加 U_{G_2K} 时增加的速率应减缓，同时注意 I_A 的变化，当电流表的指示骤然上升应立即关机，以免引发管子击穿。5 分钟后再按上述方法重新开机。

实验过程中如要改变 U_H、U_{G_1K}、U_{G_2A} 时，必须将 U_{G_2K} 旋钮反时针旋到底后进行。

各台仪器的夫兰克-赫兹管参数有所差异，尤其是灯丝电压，推荐使用参考电压。

【思考题】

1. 为什么谱峰曲线上相邻两峰（或谷）对应的电压之差为原子的第一激发电位？

2. 分析引起误差的原因。

实验 5

塞曼效应

塞曼效应是物理学史上一个著名的实验。荷兰物理学家塞曼在 1896 年发现把产生光谱的光源置于足够强的磁场中，磁场作用于发光体使光谱发生变化，一条谱线即会分裂成几条偏振化的谱线，这种现象称为塞曼效应。塞曼效应是法拉第磁效致旋光效应之后发现的又一个磁光效应。这个现象的发现是对光的电磁理论的有力支持，证实了原子具有磁矩和空间取向量子化，使人们对物质光谱、原子、分子有更多了解，特别是由于及时得到洛伦兹的理论解释，更受到人们的重视，被誉为继 X 射线之后物理学最重要的发现之一。1902 年，塞曼与洛伦兹因这一发现共同被授予了诺贝尔物理学奖，以表彰他们研究磁场对光的效应所做的特殊贡献。

早年把那些谱线分裂为三条，而裂距按波数计算正好等于一个洛伦兹单位的现象叫做正常塞曼效应（洛伦兹单位 $L = eB/4\pi mc$）。正常塞曼效应用经典理论就能给予解释。实际上大多数谱线的塞曼分裂不是正常塞曼分裂，分裂的谱线多于三条，谱线的裂距可以大于也可以小于一个洛伦兹单位，人们称这类现象为反常塞曼效应。反常塞曼效应只有用量子理论才能得到满意的解释。塞曼效应的发现，为直接证明空间量子化提供了实验依据，对推动量子理论的发展起了重要作用。直到今日，塞曼效应仍是研究原子能级结构的重要方法之一。

【实验目的】

（1）掌握观测塞曼效应的实验方法，掌握 F–P 标准具的原理及使用。
（2）观察汞原子 546.1 nm 谱线的分裂现象以及它们的偏振状态。
（3）由塞曼裂距计算电子的荷质比。

【实验原理及观察方法】

1. 磁矩在外磁场中受到的作用
（1）原子总磁矩 μ_J 在外磁场中受到力矩的作用。

$$L = \boldsymbol{\mu}_J \times \boldsymbol{B} \left(L = \frac{\mathrm{d}\boldsymbol{P}}{\mathrm{d}l} \right) \tag{5-1}$$

其效果是磁矩绕磁场方向旋进,也就是总角动量(P_J)绕磁场方向旋进。
(2) 磁矩$\boldsymbol{\mu}_J$在外磁场中的磁能。

$$U = -\boldsymbol{\mu}_J \cdot \boldsymbol{B}$$

$$\mu_J = -g\frac{e}{2m}P_J$$

所以
$$U = g\frac{e}{2m}(\boldsymbol{P}_J \cdot \boldsymbol{B}) = g\frac{e}{2m}(\boldsymbol{P}_J)_z B \tag{5-2}$$

由于P_J或μ_J在磁场中的取向量子化,所以其在磁场方向分量也量子化:

$$(\boldsymbol{P}_J)_z = M\hbar = M\frac{h}{2\pi} \tag{5-3}$$

所以原子受磁场作用而旋进引起的附加能量

$$\Delta E = g\frac{e}{2m} \cdot \frac{Mh}{2\pi} \cdot B = Mg\frac{eh}{4\pi m}B$$

$$\mu_B = \frac{eh}{4\pi m} \quad (波尔磁子) \tag{5-4}$$

所以
$$\Delta E = Mg\frac{eh}{4\pi m}B = \mu_B MgB \tag{5-5}$$

M为磁量子数,g为朗德因子,表征原子总磁矩和总角动量的关系,g随耦合类型不同(LS耦合和jj耦合)有两种解法。在LS耦合下

$$g = 1 + \frac{J(J+1) - L(L+1) + S(S+1)}{2J(J+1)} \tag{5-6}$$

式中,L为总轨道角动量量子数,S为总自旋角动量量子数,J为总角动量量子数,M只能取J,$J-1$,$J-2$,…,$-J$(共$2J+1$)个值,即ΔE有$(2J+1)$个可能值。

无外磁场时的一个能级,在外磁场作用下将分裂成$(2J+1)$个能级,其分裂的能级是等间隔的,且能级间隔$\propto |\boldsymbol{B}| \cdot g$。

2. 塞曼分裂谱线与原谱线关系(图5-1)

基本出发点:

图5-1 塞曼分裂谱线与原谱线关系的能级跃迁示意图

$$h\nu' = (E_2 + \Delta E_2) - (E_1 + \Delta E_1) = (E_2 - E_1) + (\Delta E_2 - \Delta E_1)$$

$$= h\nu + (M_2 g_2 - M_1 g_1)\mu_B B \tag{5-7}$$

所以，分裂后谱线与原谱线频率差

$$\Delta \nu = \nu' - \nu = (M_2 g_2 - M_1 g_1)\frac{\mu_B B}{h} \tag{5-8}$$

由于 $\mu_B = \frac{eh}{4\pi m}$

$$\Delta \nu = (M_2 g_2 - M_1 g_1)\frac{eB}{4\pi m} \tag{5-9}$$

为方便起见，常表示为波数差

$$\Delta \tilde{\nu} = \frac{1}{\lambda'} - \frac{1}{\lambda} = (M_2 g_2 - M_1 g_1)\frac{e}{4\pi mc}B \tag{5-10}$$

定义 $L = \frac{eB}{4\pi mc} = B \times 46.7 \text{ m}^{-1}\text{T}^{-1}$ 称为洛伦兹单位

$$\Delta \tilde{\nu} = (M_2 g_2 - M_1 g_1)L = 46.7(M_2 g_2 - M_1 g_1)B \tag{5-11}$$

3. 塞曼分裂谱线的偏振特征

（1）塞曼跃迁的选择定则为：

$\Delta M = 0$ 时为 π 成分（π 型偏振）是振动方向平行于磁场的线偏振光，只有在垂直于磁场方向才能观察到，平行于磁场方向观察不到；但当 $\Delta J = 0$ 时，$M_2 = 0$ 到 $M_1 = 0$ 的跃迁被禁止。

当 $\Delta M = \pm 1$ 时，为 σ 成分（σ 型偏振）是振动方向垂直于磁场的线偏振光。

平行于磁场观察时，其偏振性与磁场方向及观察方向都有关：

沿磁场正向观察时（即磁场方向离开观察者：$\otimes \boldsymbol{B}$）

$\Delta M = +1$ 为右旋圆偏振光（σ^+ 偏振）

$\Delta M = -1$ 为左旋圆偏振光（σ^- 偏振）

也即，磁场指向观察者时：$\odot \boldsymbol{B}$

$\Delta M = +1$ 为左旋圆偏振光

$\Delta M = -1$ 为右旋圆偏振光

（2）分析的总思路和总原则：

在辐射的过程中，原子和发出的光子作为整体的角动量是守恒的。

原子在磁场方向角动量为 $P_z = M\hbar = M\frac{h}{2\pi}$

所以在磁场指向观察者时：$\odot \boldsymbol{B}$

当 $\Delta M = +1$ 时，光子角动量为 $\frac{h}{2\pi}$，与 $\boldsymbol{B}$ 同向

电磁波电矢量绕逆时针方向转动，在光学上称为左旋圆偏振光。

$\Delta M = -1$ 时，光子角动量为 $\frac{h}{2\pi}$，与 $\boldsymbol{B}$ 反向

电磁波电矢量绕顺时针方向转动，在光学上称为右旋圆偏振光。

例：Hg 546.1 nm 谱线，$\{6S7S\}^3S_1 \to \{6S6P\}^3P_2$ 能级跃迁产生（如图 5-2 所示）

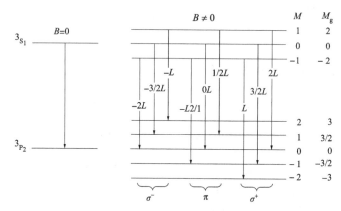

图 5-2 Hg 546.1 Å 的能级跃迁图

分裂后，相邻两谱线的波数差 $\Delta \tilde{\nu} = \frac{L}{2}$。

4. 观察塞曼分裂的方法

塞曼分裂的波长差很小，由于 $\Delta\lambda = \lambda^2 \Delta\tilde{\nu}$，以 Hg 546.1 Å 谱线为例，当处于 $B = 1$ T 的磁场中，$\Delta\tilde{\nu} = \frac{L}{2} = \frac{1}{2} \times 46.7 \times 1 = 23.35$（m^{-1}），$\Delta\lambda = \lambda^2 \Delta\tilde{\nu} = 10^{-11}$ m $= 0.1$ nm，要观察如此小的波长差，用一般的棱镜摄谱仪是不可能的，需要用高分辨率的仪器，如法布里-珀罗标准器（F-P 标准具）。

F-P 标准具由平行放置的两块平面板组成的，在两板相对的平面上镀薄银膜和其他有较高反射系数的薄膜。两平行的镀银平面的间隔是由某些热膨胀系数很小的材料做成的环固定起来。若两平行的镀银平面的间隔不可以改变，则称该仪器为法布里-珀罗干涉仪。

（1）法布里-珀罗标准具（简称 F-P 标准具）的原理：

F-P 标准具的光路如图 5-3 所示，当单色平行光光束 S 以角度 θ 入射到标准具的 M 平面时，S 经过 M 表面与 M′表面的多次反射和透射分别形成一系列相互平行的反射光束 1, 2, 3, 4, …, 以及透射光束 1′, 2′, 3′, 4′、…, 在这相邻光束之间有一定光程差 ΔL。$\Delta L = 2nd\cos\theta$，d 为两平行板间的距离，n 为两板之间介质的折射率，标准具在空气中使用时，干涉方程（干涉极大值）为

$$2d\cos\theta = k\lambda \tag{5-12}$$

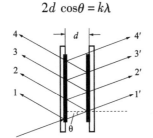

图 5-3 F-P 标准具的光路

由于标准具的 d 是固定的，在波长 λ 不变的条件下，同一干涉序 k 对应着相同的入射角 θ，不同的干涉序 K 对应着不同的入射角 θ，在扩展光源照射下 F-P 标准具产生等倾干涉，它的干涉花纹是一组同心圆环。

（2）标准具有两个特征参量：自由光谱范围和分辨本领。

自由光谱范围的物理意义：

它表明在给定间隔圈厚度为 d 的标准具中，若入射光的波长在 $\lambda \sim \lambda + \Delta\lambda$ 间（或波数在 $\tilde{\nu} \sim \tilde{\nu} + \Delta\tilde{\nu}$ 间）所产生的干涉圆环不重叠，若被研究的谱线波长差大于自由光谱范围，两套花纹之间就要发生重叠或错级，给分析带来困难，因此在使用标准具时，应根据被研究对象的光谱波长范围来确定间隔圈的厚度。

分辨本领：（$\lambda/\Delta\lambda$）

对于 F-P 标准具

$$\lambda/\Delta\lambda = KN \tag{5-13}$$

N 为精细度，两相邻干涉级间能够分辨的最大条纹数

$$N = \pi\sqrt{R}/(1-R) \tag{5-14}$$

R 为反射率，R 一般在 90%

$$K \approx 2d/\lambda \text{（当光近似于正入射时）} \tag{5-15}$$

例如：$d = 5$ mm，$R = 90\%$，$\lambda = 546.1$ nm 时，$\Delta\lambda = 0.001$ nm。

（3）用标准具测量谱线波长差的公式：

用透镜把 F-P 板的干涉花纹成像在焦平面上，花纹的入射角 θ 与花纹直径：

$$\cos\theta = \frac{f}{\sqrt{f^2 + (D/2)^2}} = 1 - \frac{1}{8} \cdot \frac{D^2}{f^2} \text{（运用泰勒公式展开的前两项）} \tag{5-16}$$

f 是透镜的焦距，将式（5-16）代入式（5-12）得：

$$2d\left(1 - \frac{1}{8} \cdot \frac{D^2}{f^2}\right) = K\lambda \qquad (5-17)$$

可见，干涉序 k 与花纹直径平方（D^2）呈线性关系，随花纹直径的增大，花纹越来越密，式（5-17）左边第二项的负号表明直径越大的干涉环，干涉序 k 越小，同理，对于同序的干涉环，直径大的波长小。

对同一波长，相临两序 k 和 $k-1$ 序花纹的直径平方差用 ΔD^2 表示：

$$\Delta D^2 = D_{N-1}^2 - D_N^2 = \frac{4f^2\lambda}{d} \qquad (5-18)$$

由此可看出，ΔD^2 是与干涉 k 无关的常数。对同一序不同波长 λ_a 和 λ_b 的波长差关系为：

$$\lambda_a - \lambda_b = \frac{d}{4f^2N}(D_b^2 - D_a^2) = \frac{\lambda}{N} \cdot \frac{D_b^2 - D_a^2}{\Delta D^2} \qquad (5-19)$$

当光近似于正入射时，$N \approx 2d/\lambda$

$$\lambda_a - \lambda_b = \frac{\lambda^2}{2d} \cdot \frac{D_b^2 - D_a^2}{\Delta D^2} \qquad (5-20)$$

用波数表示：

$$\Delta \tilde{\nu}_{ab} = \tilde{\nu}_a - \tilde{\nu}_b = \frac{1}{2d} \cdot \frac{\Delta D_{ba}^2}{\Delta D^2} \qquad (5-21)$$

式中，$\Delta D_{ba}^2 = D_b^2 - D_a^2$，由上式得到波长差或波数差与相应花纹直径平方差成正比。

将式（7-21）代入式（7-10），便得电子荷质比的公式

$$\frac{e}{m} = \frac{2\pi c}{(M_2 g_2 - M_1 g_1) Bd}\left(\frac{D_{ba}^2}{\Delta D^2}\right) \qquad (5-22)$$

（4）标准具的调整：

标准具的一对玻璃板及间隔圈在钢制的支架上靠三个压紧的弹簧螺丝来调整两个表面的平行度。平行度的要求是很严格的，判断的标准是：用单色光照明标准具，从它的透射方向观察，可以看到同心干涉圆环。当观察者的眼睛上下左右移动时，如果标准具两个内表面是严格平行的，即各处的 d 值相同，花纹的大小不随眼睛的移动而变化，若标准具的两个内表面成楔形（楔角很小），当眼睛移动的方向是 d 增大时的方向，则有干涉花纹从中心冒出来，或中心处的花纹向外扩大，这时就把这个方向的螺丝压紧，或把相反方向的螺丝放松。这样经过多次的细心调节后，达到花纹不随眼睛的移动而变化。

【实验装置】

本实验装置如图 5-4 所示，N、S 为电磁铁，磁场可用高斯计进行测量，

F–P 为法布里–泊罗标准具，其间隔厚度 $d=0.5$ cm，会聚透镜产生平行光，偏振片用以鉴别 π 成分和 σ 成分，成像透镜用于将 F–P 形成的等倾干涉成像在读数显微镜的分划板上。

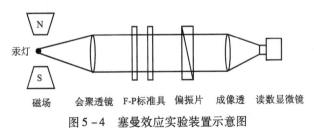

图 5–4　塞曼效应实验装置示意图

【实验内容与方法】

（1）调整光路：调节各光学元件等高共轴，点燃汞灯，使光束通过每个光学元件的中心。调节会聚透镜的位置，使尽可能强的均匀光束落在 F–P 标准具上。调节标准具上三个压紧弹簧螺丝，使两平行面达到严格平行，从测量望远镜中可观察到清晰明亮的一组同心干涉圆环。

（2）接通电磁铁稳流电源，缓慢地增大磁场 B，这时，从测量望远镜中可观察到细锐的干涉圆环逐渐变粗，然后发生分裂。随着磁场 B 的增大，谱线的分裂宽度也在不断增宽，当励磁电流达到 2 A 时，谱线由一条分裂成 9 条，而且很细。当旋转偏振片为 0°、45°、90°各不同位置时，可观察到偏振性质不同的 π 成分和 σ 成分。图 5–5 为 π 成分的干涉花纹读数示意图。

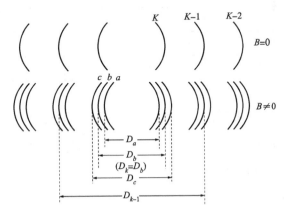

图 5–5　π 成分的干涉花纹读数示意图

（3）测量与数据处理：旋转测量望远镜读数鼓轮，用测量分划板的铅垂线依次与被测圆环相切，从读数鼓轮上读出相应的一组数据，它们的差值即为被测的干涉圆环直径。用特斯拉计测出磁场 B，利用已知常数 d 及式

(5-21)计算出 $\Delta \bar{\nu}$ 后,再由(5-22)式求出电子荷质比的值,并计算误差(标准值 $e/m = 1.7588 \times 10^{11}$ C/kg)。

(4) 数据测量与记录:测量中心处连续相邻三个圆环(K,$K-1$,$K-2$)的直径 D_a,D_b,D_c,并将结果填入表 5-1。分别算出 ΔD^2,ΔD_{ba}^2,ΔD_{cb}^2 的平均值,即:$\overline{\Delta D^2} = \overline{\Delta D_{ba}^2} = \overline{\Delta D_{cb}^2} = \overline{\Delta \nu_{ab}} = \dfrac{1}{2d} \cdot \dfrac{\overline{\Delta D_{ba}^2}}{\overline{\Delta D^2}} = \overline{\Delta \nu_{bc}} = \dfrac{1}{2d} \cdot \dfrac{\overline{\Delta D_{cb}^2}}{\overline{\Delta D^2}} = ?$ 并将计算结果填入表 5-2。

表 5-1 实验数据记录表

直径/mm 级次	K	$K-1$	$K-2$
D_a			
D_b			
D_c			

表 5-2 数据计算表

(mm)^2	K	ΔD^2	$K-1$	ΔD^2	$K-2$
D_a^2					
ΔD_{ba}^2					
D_b^2					
ΔD_{cb}^2					
D_c^2					

上式中 $d = 0.5$ cm,根据实验结果,从(5-22)式得:$\dfrac{e}{m} = \dfrac{4\pi c \Delta \bar{\nu}}{(M_2 g_2 - M_1 g_1)B}$,算出荷质比(其中 $\Delta \bar{\nu} = (\overline{\Delta \nu_{ba}} + \overline{\Delta \nu_{cb}})/2$,$M_2 g_2 - M_1 g_1 = 1/2$,$B$ 的单位为特斯拉),并计算 e/m 的不确定度。

【注意事项】

(1) 电磁铁工作时,其周围有漏磁现象,无防磁的仪表、手表和手机等切勿靠近,以防磁化。

(2) 汞灯电源电压为 1 500 V,要注意高压安全。

(3) F-P 标准具及其他光学器件的光学表面,都不要用手或其他物体接触。

(4) 本实验中作测量用的 F-P 标准具已调好，可另备一台供同学练习使用。

【思考题】

1. 什么叫塞曼效应、正常塞曼效应、反常塞曼效应？
2. 说出反常塞曼效应中光线的偏振性质如何，并加以解释。
3. 试画出汞的 435.8 nm 光谱线（$^3s_1 - ^3p_1$）在磁场中的塞曼分裂图。
4. 垂直于磁场观察时，怎样鉴别分裂谱线中的 π 成分和 σ 成分？
5. 画出观察塞曼效应现象的光路图，叙述各光学器件所起的作用。
6. 在本实验中，为什么必须使 F-P 标准具的两反射面严格平行，如何判断 F-P 标准具已调好？
7. 什么叫 π 成分、σ 成分？在本实验中哪几条是 π 线？哪几条是 σ 线？
8. 叙述测量电子荷质比的方法。
9. 在实验中，如果要求沿磁场方向观察塞曼效应，在实验装置的安排上应作什么变化？观察到的干涉花纹将是什么样子？
10. 如何测准干涉圆环的直径？

实验 6

氢原子光谱

利用 WGD - 8/8A 型光栅光谱仪测量氢原子光谱

　　光谱线系的规律与原子结构有内在的联系，因此，光谱是研究原子结构的一种重要的方法。氢原子结构是所有原子中最简单的，便于从实验上和理论上对它进行充分的研究。早在 1853 年，埃格斯特朗就对氢光谱做了精确的测量。一百多年来，对氢光谱和氢原子结构的研究从未间断，它是实验研究与理论研究相互促进的典范。1885 年，巴耳末根据实验结果得出在可见光区的氢光谱分布规律的经验公式，并能精确地预告尚未被测到的谱线，但无法被人理解。1889 年，里德伯提出了一个普遍的方程——里德伯方程。1911 年，卢瑟福建立了正确的原子结构模型；1913 年，玻尔对原子结构问题提出了新的假设，把量子说引入卢瑟福模型，从而首先成功地建立了氢原子理论，可以准确地推导出巴耳末公式，并能从理论上由电子电荷与质量以及普朗克常数计算里德伯常数，与实验值符合得很好。其仍有 5×10^{-4} 的差异，而实验结果的准确度却已达 10^{-4}，著名的英国光谱学家福勒对此提出了质疑。玻尔在 1914 年对此做了回答：在原来的理论中，假设氢核是不动的，电子绕核运动，也就是说，假设氢核（质子）的质量是无穷大，这是需要修正的。根据氢核与电子的两体运动，对实验值进行了修正，与理论值的符合程度有了进一步的提高，准确度可达 10^{-5}。当时，还有一些问题尚待解决，例如，早在 1896 年，迈克尔逊和莫雷就发现氢的 H_a 线是双线，相距 0.36 cm^{-1}，后来又在高分辨率光谱仪中发现它是三重线。为了解释这一实验事实，索末菲把玻尔的圆形轨道改为椭圆形轨道，但由于能级的简并，问题并未得到解决，所以又引入了相对论修正（根据玻尔理论，电子的运动速度与光速的比值等于 $1/\alpha\sim1/137$），能级分裂了，与实验结果"完全符合"，但这完全是一种巧合。玻尔理论取得了很大的成功，在近代物理发展史上占有重要的地位，但也不可避免地有它的历史局限性。虽然经过索末菲等人的修改，但并未作原则性的改革，根本缺点依然存在。在方法论上，还没有跳出经典理论的范畴。

1926 年，海森伯用量子力学计算了氢原子的光谱项，但与实验结果的差异反而大了。1928 年，狄拉克用他建立的相对论量子力学自然地计入电子的自旋，圆满地解释了氢光谱。但获得准确结果是困难的，因为相对论效应必然与核的运动有关，氢原子能量的相对论改正项与精细结构常数 α 及电子和质子的质量 m_e、m_p 有关。现在我们已经能计算到 $(m_e/m_p)\alpha^4$ 项，而 $(m_e/m_p)\alpha^5$ 或 $(m_e/m_p)^2\alpha^3$ 项仅约 10^{-12}。1947 年，兰姆和他的学生雷瑟福观察到氢原子的 $2^2S_{1/2}$ 与 $2^2P_{1/2}$ 能级有一个大小为 1 057.8 MHz 的裂距，这就是著名的兰姆位移，而狄拉克理论则预言这两个能级是简并的。兰姆位移与库什－弗利发现的电子反常磁矩都暴露了狄拉克相对论量子力学的不足，导致了量子电动力学的蓬勃发展。

1970 年以后，由于射频波谱学及激光技术的发展，使古老的光谱学获得了新生，推动了量子电动力学的发展。在氢原子的理论研究方面，里德伯常数的理论计算值的精确度有了很大的提高，已达 10^{-11} 以上。量子电动力学的最大改正项到 10^{-6}，最小项则已计算到 α^4 项，而 α^6 项则仅约 10^{-12}。当然，除了 s 态外，我们还需计入轨道贯穿效应，它与质子半径的均方值有关，$n=1$ 的基态，这一改正值的不确定度到 10^{-11}，对于 $n>1$ 的能级，理论计算值的准确度优于 10^{-11}。在实验方面，则发展了交叉束、饱和吸收（极化光谱）及双光子跃迁等方法，谱线的多普勒展宽已减小到 kHz 量级。2002 年，里德伯常数的国际推荐值为

$$R_\infty = 10\ 973\ 731.568\ 525\ (73)\ \text{m}^{-1}$$

如果能把不确定度减小到 10^{-12} 以下，则理论工作者将重新进行计算，重新验证理论是否正确。同时，可以由里德伯常数来计算氢光谱中的可见光和紫外谱线的频率，用里德伯常数把光频与微波频率联系起来，有可能替代现在的激光频率链。

【实验目的】

（1）测量氢原子光谱的巴耳末（Barber）线系中前几条谱线的波长，计算氢原子的里德伯常数 R_H。
（2）通过实验初步了解 WGD-8/8A 型光栅光谱仪的结构和用法。
（3）了解 WP1-100 型平面摄谱仪的结构及原理。
（4）掌握用"WGD-8A 倍增管系统软件"测量波长的方法。

【实验原理】

测量原子光谱的各光谱的波长，可以推算出原子能级的结构情况，由此

可得到关于原子微观结构的有关信息。因此光谱实验是研究原子结构的重要手段。在所有元素中，氢原子是最简单的原子，因此它的光谱也最简单。

1885 年，瑞士物理学家巴耳末根据实验结果，经验性地确立了可见区氢光谱的分布规律是：

$$\lambda = B \frac{n^2}{n^2 - 4} \quad (n = 3, 4, 5, \cdots) \qquad (6-1)$$

式中，$B = 3645.6$ 埃，通常称这公式为巴耳末公式，它所表达的一组谱线称作巴耳末系。为更清楚表明谱线分布规律，瑞典物理学家里德伯将上式写成如下的形式：

$$\tilde{\nu} = \frac{1}{\lambda} = R_H \left(\frac{1}{2^2} - \frac{1}{n^2} \right) \quad (n = 3, 4, 5, \cdots) \qquad (6-2)$$

式中，$\tilde{\nu}$ 为波数，R_H 称为里德伯常数。

丹麦科学家玻尔在这个经验公式的基础上建立了原子模型的理论，并解释了气体放电时的发光过程，根据玻尔理论推知，氢原子内部能量：

$$E = -\frac{ue^4}{8\varepsilon_0 n^2 h^2} \quad (n = 1, 2, 3, \cdots) \qquad (6-3)$$

当原子从高能量级 E_n 跃迁到低能量 E_{n0} 能级时，以光子的形式释放能量，光子的波数

$$\tilde{\nu} = \frac{1}{\lambda} = \frac{1}{hc} (E_n - E_{n0}) = \frac{ue^4}{8\varepsilon_0^2 h^3 c} \left(\frac{1}{n^2} - \frac{1}{n_0^2} \right)$$

$$n = n_0 + 1, n_0 + 2, n_0 + 3, \cdots \qquad (6-4)$$

$$n_0 = 1, 2, 3, 4, \cdots$$

式中，$u = \frac{Mm}{M+m}$，u 是氢原子电子的折合质量，M 和 m 分别为氢原子核和电子的质量，e 是电子电荷，h 是普朗克常数，c 是光速，ε 是真空介电常数，当 $n_0 = 2$ 时，式（6-4）就是式（6-2）。这样不仅给巴耳末经验公式以物理解释，而且把里德伯常数与一引进物理常数联系起来，即：

$$R_H = -\frac{ue^4}{8\varepsilon_0^2 h^3 c} \qquad (6-5)$$

因此式（6-2）和实验结果高度符合，成为玻尔理论的正确性的有力证据。

继巴耳末规律之后，又发现了氢光谱有更复杂的结构，而巴耳末规律只能作为一个近似规律，原子结构理论有了很大发展，在目前的科学中就对其理论的作用而言，验证公式（6-2）已没有必要。但是用光谱法测定的里德伯常数可以达到很高的准确度，因此，用它来确定式（6-4）中的某个常数

的值，可比一般方法测定的值更准确。使这实验在物理中仍有着重要性。

当 $n=3$，4，5，6，…时，由（6-2）式所得的谱线分别叫做 H_α，H_β，H_γ，H_δ…

【实验仪器】

WGD-8A 型组合式多功能光栅光谱仪，WP1-平面光谱仪，光谱投影仪，氢灯，阿贝比长仪。

这里主要介绍 WGD-8A 型组合式多功能光栅光谱仪的结构原理。

WGD-8A 型组合式多功能光栅光谱仪，由光栅单色仪、接收单元、扫描系统、电子放大器、A/D 采集单元、计算机组成。该设备集光学、精密机械、电子学、计算机技术于一体。光学系统采用 C-T 型，如图 6-1 所示：

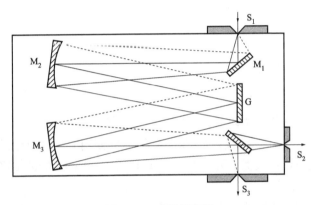

图 6-1 光学原理图

M_1：反射镜，M_2：准光镜，M_3：物镜，G：平面衍射光栅，S_1：入射狭缝，S_2：光电倍增管接收，S_3：CCD 接收。

入射狭缝、出射狭缝均为直狭缝，宽度范围 0~2 mm 连续可调，光源发出的光束进入入射狭缝 S_1，S_1 位于反射式准光镜 M_2 的焦面上，通过 S_1 射入的光束经 M_2 反射成平行光束投向平面光栅 G 上，衍射后的平行光束经物镜 M_3 成像在 S_2 上或 S_3 上。

【主要参数】

M_2、M_3 的焦距为 500 mm，光栅 G：8A 型：2 400 l/mm，$\lambda_闪 = 250$ nm，波长范围为 200~660 nm。

滤光片工作区间：白片 320~500 nm，黄片 500~660 nm。

【规格与主要技术指标】

焦距　　　　　　　　500 mm

波长区间　　　　　　8A 型：200~660 nm

相对孔径	D/F = 1/7
光栅	2 400 l/mm $\lambda_{闪} = 250$ nm，波长范围 200 ~ 660 nm
杂散光	$\leq 10^{-3}$
分辨率	优于 0.06 nm
光电倍增管接收	
波长范围	200 ~ 660 nm
波长精度	$\leq \pm 0.2$ nm
波长重复性斯湾	≤ 0.1 nm
CCD（电耦合器件）	
接收单元	2 048
光谱响应区间	300 ~ 660 nm
重量	25 kg

【实验内容与步骤】

(1) 预习仪器的结构和原理。

(2) 熟悉氢的几条谱线波长和对应的量子数。

(3) 熟悉"WGD-8A 倍增管系统软件"的使用方法（见附录Ⅱ）。

(4) 参数设置：入射狭缝的宽度为 0.05 mm，出射狭缝的宽度为 0.1 mm，负高压为 800 V。

(5) 单击倍增管图标，启动应用程序。（注意：关机时，先将负高压调为零，再关闭电源，后退出应用程序。）

(6) 入射光强的调节：

① 单程扫描：起始波长 655 nm，终止波长 657 nm，间隔 0.01 nm。

② 定点扫描：确定峰值波长，在峰值波长处进行定点扫描，扫描时间为 20 秒，左右移动氢灯使能量峰值最大为止。

(7) 单程扫描找出氢的几条谱线的中心波长：扫描范围 400 ~ 660 nm，间隔 0.05 nm，单程扫描，存入寄存器 1，填写寄存器信息，并记录各谱线的中心波长值。

(8) 分别在各自的波长附近进行单程扫描，扫描范围自定，间隔 0.01 nm，存储在寄存器 2、3、4、5，保存在自己的文件夹下，并记录各谱线的峰值波长。

(9) 数据处理：利用软件的扩展、读数、寻峰测量数据，并记录数据。

(10) 利用上述测出的氢波长，计算氢的里德伯常数，有效位数保留 6 位，并与真值进行比较，分析误差。

【思考题】

1. 试解释下列与平面反射光栅有关的术语：闪耀角与闪耀波长，线色散率与分辨率。

2. 如何测定光栅单色仪的线色散率？

3. 入射狭缝和出射狭缝的缝宽对光栅单色仪的实际分辨率有何影响？

实验 7

全息照相

光学全息照相是 20 世纪 60 年代发展起来的一门立体摄影和波阵面再现的新技术。由于全息照相能够把物体表面上发出的光波的全部信息（即光波的振幅和位相）记录下来，并能完全再现被摄物光波的全部信息，因此它在精密计量、无损检验、信息存储和处理、遥感技术和生物医学等方面有着广泛的应用。

全息照相的基本原理是以波的干涉和衍射为基础的，对于其他波动过程，如红外、微波、X 线以及声波、超声波等也可适用，故有相应的微波全息，X 线全息、超声全息等，使全息技术发展成为科学技术上的一个新领域。

本实验将通过静态光学全息照片的拍摄和再现观察，了解光学全息照相的基本原理、主要特征以及操作要领。

【实验目的】

（1）了解全息照相的基本原理和特点。
（2）学习静物全息照相的拍摄方法。
（3）了解再现全息物象的性质和方法。

【实验仪器】

JQS-6QA 型激光全息干涉测验仪及信息光学实验仪 1 套，包括：全息台，台上有导轨 4 条，分束器 1 个，反射镜 2 个，扩束镜（40×2 个），激光器 1 个（2 mW、单模）照度计（或光点检流计）1 个，自动曝光定时器 1 个，全息底片Ⅰ型以及洗相用具 1 套。

【实验原理】

普通照相只记录了物体各点的光强信息（反映在振幅上），丢掉了位相信息，得到的是一个二维平面图像，毫无立体感。全息照相是利用相干光叠加而发生干涉的原理，借助于所谓参考光波与原物光波的相互作用，记录下两种光波在记录介质上的干涉条纹。这种干涉条纹不仅保存了物光波（从物体反射的光波）的振幅信息，同时还保存了物光波的位相信息，它只有在高倍显微镜下才观察得到。记录了干涉条纹的全息照片可以看作一个复杂的衍射光栅，当用与原参考光波相同的光再照射该光栅时，其衍射波能重现原来的物光波，在照片后原物的位置就可以观察到原被照物的三维图像。这种既记录振幅又记录位相的照相称为全息照相。图 7-1 是全息照相的光路图。

全息照相借助于所谓的"参考光波"与"物体光波"的相互作用形成的干涉条纹，为了得到在时间上稳定不变的干涉条纹，必须以一个分束器将激光光束分成两部分，令其中一部分经过反射和扩展后均匀地照到感光底片上，这种光称为"参考光波"。另一部分射向物体被物体散射后再射到照相底片上，这束光称为"物体光波"。由于这两束光是相干的，在感光底片上相遇时就形成既稳定又复杂的干涉条纹，并被永久地记录在底片上，称为"全息图"。全息图上干涉条纹的形成和疏密反映了物光波的位相分布情况，而条纹的最大光强与最小光强的差值反映了物光波的振幅，可见全息图记录下物光波的全部信息。在做这种记录时，每一个物体点的散射球面波在扩展后是覆盖整个图面，因此全息图上的每一个点都记录了整个物体的信息，那种普通照相技术中的一一对应关系已不再存在，全息图上的每一个小部分（或碎片）仍可看到各部分的像，这是它的优点之一。它的另一个优点是能在同一张底片上记录数个物体的信息，而仍能得到高质量的再现。

1. 全息照相记录过程

全息照相是利用光的干涉进行全息记录的。以拍摄全息照片的光路图（图 7-1）为例，说明该光路记录光波的强度信息和位相信息的原理。

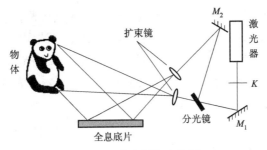

图 7-1　全息照相光路图

设 X-Y 平面为干涉场中照相底版所在平面，物光波 O 和参考光波 R 均为平面波，令：

$$O(X, Y) = O_0(X, Y) \exp[i\psi_0(X, Y)] \quad (7-1)$$

$$R(X, Y) = R_0(X, Y) \exp[i\psi_R(X, Y)] \quad (7-2)$$

根据叠加原理，底版上的总场为：

$$U(X,Y) = O(X,Y) + R(X,Y) = O_0\exp[i\psi_0(X,Y)] + R_0\exp[i\psi_R(X,Y)]$$
(7-3)

到达它们在底版上的光强是它们合振幅的平方,即:

$$I(X,Y) = U^*(X,Y)U(X,Y) = (O_0^2 + R_0^2) +$$
$$O_0R_0\exp[i(\psi_0-\psi_R)] + O_0R_0\exp[-i(\psi_0-\psi_R)]$$
(7-4)

式中,O_0^2、R_0^2 分别是物光波与参考光波各自独立照射底版时的光强度;第三、四项为物光与参考光之间的相干项。它们把物光的位相信息转化成不同光强的干涉条纹记录在干涉场中照相底版上。

可见,底版记录下来的干涉条纹光强分布包含了物光波在底版上各点的振幅和位相,因为底版上某点的光强是到达该点的参考光波与到达该点的整个物光波干涉的结果。物体上不同点由不同方向射到该点的物光都对该点的光强有贡献,这一点与普通照相底版上的点与物点一一对应不同。全息照片底版上的任何一小部分都记录着所有物点的信息,因此,通过全息照片的一块碎片也能看到整个物体的像。

2. 全息照相再现过程

曝光后的底版经过显影与定影后,得到透光率各处不同(由曝光时间及光强分布决定)的全息片,考虑振幅透射率 T(=透射光的复振幅/入射光的复振幅)是曝光量的函数,选择合适的曝光量及冲洗条件,可以使得 T 与曝光时的光强 I 之间为线性关系:

$$T(X,Y) = T_0 + KI = T_0 + K(O_0^2 + R_0^2) + KO_0R_0\exp[i(\psi_0-\psi_R)] +$$
$$KO_0R_0\exp[-i(\psi_0-\psi_R)]$$
(7-5)

式中,T_0 为未曝光部分的透射率,K 为小于 1 的比例系数,它们均为常量。

当以原参考光为再现光入射全息照片时,透射光波应是:

$$U'(X,Y) = R(X,Y)T(X,Y) = [T_0 + K(O_0^2 + R_0^2)]R_0\exp(i\psi_R) +$$
$$KO_0R_0^2\exp(i\psi_0) + KO_0R_0^2\exp[-i(\psi_0-2\psi_R)]$$
(7-6)

上式表明,透射光包含三部分:

第一项 $[T_0 + K(O_0^2 + R_0^2)]R_0\exp(i\psi_R)$ 是按一定比例重建的参考光,沿原来方向传播,即光栅的零级衍射。

第二项 $KO_0R_0^2\exp(i\psi_0)$ 与物光振动方程完全一样,只不过振幅乘了一个系数;这便是按一定比例重建的物光波,相当于一级衍射波。根据基尔霍夫衍射原理,这一场分布决定了全息图后面的衍射空间有一个与原始物光波振幅和位相的相对分布完全相同的衍射波。正是这一光波形成了与物体完全逼真的三维立体图像,从不同的角度去观察,能看到原被遮住的侧面。

第三项 $KO_0R_0^2\exp[-i(\psi_0-2\psi_R)]$ 与物光波的共扼光波有关,它是因衍

射而产生的另一个一级衍射波,称为孪生波。它在有些情况下会形成一个发生畸变的,并且在观察者看来物体的前后关系与实物相反的实像。

全息照相具有多次记录性,用几束不同方向的参考光可以在同一张底版上分别记录几个不同的物体,用相应方向的参考光可以分别再现各自独立、互不干涉的图像。如果一个物体的形状随时间发生变化,那么若在同一张全息干板上相继进行两次重复曝光,再现时,前后两个全息图同时再现,并且两个像的再现光之间会因干涉而形成干涉条纹。根据干涉条纹的分布可以计算物体表面各点位移的大小和方向。在此基础上发展了一门新的测量物体微小变化的全息干涉技术。

当用与参考光波相同的光照射全息图时,其中一束是直接透射的再照光本身,有所衰减;另外两束,一束是发散的,形成原物的虚像,另一束是会聚的,形成虚像的共轭像(实像)如图7-2所示。

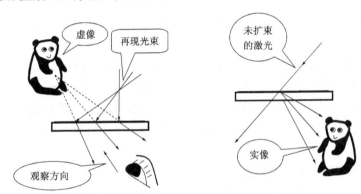

图7-2 再现光路图

【实验装置】

为实现全息记录,其实验装置必须具备下列几个基本条件:

(1) 有一个很好的相干光源:由于全息照相是用干涉的方法记录物光波的振幅及位相,因此参考光与物光必须是相干光。我们实验用的是氦氖激光器 $\lambda = 632.8$ nm,它的单色性虽好,但谱线仍有一定的宽度 λ,相应的相干长度 L 为 λ^2/λ,考虑到最坏的情况 $\lambda = 0.002$ nm,则 $L = 20$ cm,为保证两束光发生干涉,布置光路尽可能保证两光路光程相等,满足等光程原则,以免宝贵的相干性由于光路的布置粗心而未能充分利用,一般激光管的相干长度约为激光管长度的一半长。

(2) 防震装置:全息照相一般在银盐干板(全息干板)上记录物光与参考光的干涉条纹,这些条纹精细明锐。从干涉原理知,如果在曝光过程中有

$\lambda/2$ 的光程变化，在底片上原来干涉极大的地方变成干涉极小，原来干涉极小的地方变为极大，结果引起干涉条纹的混叠，底片上得到只是一片均匀曝光，没有任何"条纹"，拍摄失败。目前我们使用的激器相干性好，但功率小，而全息干板的感光速度又很低，曝光总得十几秒至几分钟，要在这样长时间内保证不会由于震动等原因引起光程变化不超过 $\lambda/8 = 0.08~\mu m$，这个要求是很高的，但是不满足该条件实验不会成功，因此对防震的要求是很高的，我们采用的全息干涉调试及信息光实验仪，其全息台（防震台）采用三气囊分立支撑减振，具有较好的稳定性，为了加强防震把它装在较稳定的桌子上，桌子与地面之间还采用砂子、锯末等隔震材料来减震。

在拍摄过程中的光源，光路中各光学元件，被摄物体和感光底片都必须在一个防震台上，外界各种微小振动（如邻室关门，室外汽车、拖拉机驶过等）不致干扰条纹的记录。

缩短曝光时间也有利于减少外界震动的影响，但这往往受光源强度与底片灵敏度的限制。

对防震条件的要求是相对的，原则是在曝光这段时间内光程变化极小，保证能记录下明锐的干涉条纹，当两光束干涉时，有 $d = \lambda/\sin\theta$，其中 λ 是光波波长，θ 是光束间夹角，d 是条纹间距，在布置光路时，通常使物光与参考光之间的夹角 θ 小些，干涉条纹间距就会大些，因此对防震和底片分辨率的要求可低些。

（3）高分辨率的感光底版：

全息底片与普通照相底片不同，它是对红光 632.8 nm 比较敏感的银盐介质做的专用全息照相底版，银盐的颗粒极细，分辨率极高，可达 3 000 条/mm 以上，这样才能记录空间频率 2 000～5 000 条/mm 的全息干涉条纹，而普通照相底片仅能分辨 50 条/mm，是达不到要求的，不能用来记录全息照相极细的干涉条纹。

同普通照相一样，全息照相也有一个选择正确的曝光量的问题，即选择适当的参考光与物光波的强度比和选择适当的曝光时间以使得有效曝光区在全息干板工作曲线的直线部分。根据我们所用的底片性能，在放置底片处二者强度之比为 3∶1～5∶1 为宜，可把硒光电池放在底片所在位置先后挡住物光路和参考光路分别测两束光的强度，光电流用光点式电流计测量，如光强不合适，可选择透光率合适的分光板或改变扩束镜的前后位置，改变光束大小，从而改变光强度。

（4）除以上三个必备条件外，还需要有：

① 其他光学元件：分束镜、平面镜、扩束镜、光屏、被摄物以及支架等。

② 洗相设备。

【实验步骤】

1. 制作全息片

（1）了解全息照相术及全息干涉法（见附录Ⅲ）。

（2）熟悉光路、各元件的作用，了解激光器的操作性能，注意激光器工作时不得触摸高压电极，以免触电。

（3）按图 7-1 布置光路，并要注意：

① 使各元件等高，用扩束镜将物光扩展到一定程度以保证被摄物能全部受到光照，参考光也应加以扩展，使底片上有均匀光照，并使物光和参考光都能很好地照到底片架的中部；

② 测量物光和参考光的 λ 长度，尽量做到等光程；

③ 参考光束应强于物光束，在放底片地方的强度比为 3∶1～5∶1；

④ 物光波与参考光波间的夹角尽量小些；

⑤ 物光束不能直接照在被摄物体上；

⑥ 光学元件表面不得用手触摸。

（4）所有光学元件调整好位置后，用磁性底座或螺丝固定在防震台上。

（5）关上照明灯，用光电池分别测量底片处参考光和物光的强度是否合适，并根据总光强确定曝光时间。

（6）曝光：当曝光时间确定后，将曝光定时器的指示旋钮拨向所需的曝光时间，把遮光开关拨向遮光位置，这时开关处于闭合状态，借助定时器上的暗绿灯小心地装上全息底片（使药面向着光束），静等几分钟后，这时光开关导通，到了预计时间后，光开关自动闭合，曝光结束。注意在曝光过程中，绝对不能触及防震台，不得走动和大声说话，保持室内安静。

（7）洗相：在暗绿灯光下对已曝光的底片进行显影定影处理，取下底片，放入 D-19 型显影几十秒钟（在显影过程不断搅动显影液），水洗后放入 F-5 型定影液中定影 5 分钟，水洗干净后，用凉风吹干。

注意：各洗液温度在 20℃ 左右，在整个洗相过程中底片的药面应向上，不得用手触摸药面。

2. 物像再现与观察

把制作好的全息片放回原来位置（药面仍对着光），遮住物光束，只让参考光照明全息片，在全息片后面原物所在的方位可以观察到物的虚像。通常把激光束直接扩束，如图 7-2 所示。

（1）从不同方向反复观察，比较再现的像有何变化，像的位置和原物是什么关系，并记录观察结果：为什么全息照相能观察到立体图像，而普通照相只能看到平面图像？

（2）用一张带有小孔的纸片贴近全息片，人眼通过小孔观察虚像；改变小孔在全息片上的不同位置做同样观察，记录观察结果：为什么仍能看到整个物像而不是像的一个局部？

（3）把全息片转过180°，使乳胶面向着观察者，用不扩束的激光照射，用毛玻璃在全息片后面移动，接收和观察实像，记录观察结果。

【注意事项】

（1）绝对不允许直视经过聚焦的或经镜面反射后再聚焦的激光光束，防止视网膜的损伤。

（2）不用手触摸实验仪器的光学元件的镜面。

（3）在拍摄全息照片时，要保持室内安静，一定不要触及防震平台。

（4）本实验中曝光时间、显影时间以及光路都不是唯一的，需要根据实际情况调整到最佳状态。

【思考题】

1. 简述全息照相的基本原理。
2. 光学全息实验的条件主要有哪些？
3. 根据理论和实验观察，写出全息照相和通普照相的异同。
4. 全息物像再现有什么特点？
5. 全息物像再现有什么要求？
6. 绘制"三维漫射物"拍摄的全息光路图。
7. 绘制"三维透射物"拍摄的全息光路图。
8. 如果一张拍好的全息片打碎了或部分污染了，用其中一部分再现，看到的是部分物像，还是整个物像？为什么？
9. 观察全息图再现像放大、缩小、等大的条件是什么？
10. 全息实验中为什么要求物光程和参考光光程尽量相等？
11. 在观察全息照片（虚像）时，你能否尝试用手去触及再现物像？当你的手移近或远离再现物像时，能否据此来判断像的位置、大小及深度？

【选做实验】

白光再现全息片的制作与显示。

实验目的：了解一种可用白光再现的反射全息片的制作与显示过程。

实验原理：可参阅实验室提供的资料。

实验步骤：

(1) 选择较明亮的物体（例如金银首饰和纪念章、硬币等一类物体）为拍摄对象，用橡皮泥将物体贴在硬板上，然后将全息干板置于物体的前面（乳胶面向着物体）距离要近些（同图7-3中的O、H），然后将二者都放在底片架上固定。

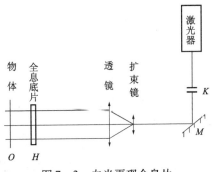

图7-3 白光再现全息片

(2) 按图7-3布置光路，并使干板曝光，冲洗后即成为反射型全息片。

(3) 再现光源可用白炽灯或阳光照射，观察时底片距灯稍远些为宜，由于干板冲洗中乳胶会有收缩，所以再现像的颜色与拍摄光源的颜色不同，如用波长为红光作光源时，用白光再现时可能观察到绿色的像。

实验 8

单光子计数实验

光子计数也就是光电子计数,即当光流强度小于 10^{-16} W 时,光的光子流量可降到 1 ms 内不到 1 个光子,因此该实验系统要完成的是对单个光子进行检测,进而得出弱光的光流强度,这就是单光子计数,它是微弱光信号探测中的一种新技术,它可以探测弱到光能量以单光子到达时的能量,目前已被广泛应用于喇曼散射探测、医学、生物学、物理学等许多领域里微弱光现象的研究。

通常的直流检测方法不能把淹没在噪声中的信号提取出来。微弱光检测的方法有:锁频放大技术、锁相放大技术和单光子计数方法。最早发展的锁频,原理是使放大器中心频率 f_0 与待测信号频率相同,从而对噪声进行抑制。但这种方法存在中心频率不稳、带宽不能太窄、对待测信号缺乏跟踪能力等缺点。后来发展了锁相,它利用待测信号和参考信号的互相关检测原理实现对信号的窄带化处理,能有效地抑制噪声,实现对信号的检测和跟踪。但是,当噪声与信号有同样频谱时就无能为力,另外它还受模拟积分电路漂移的影响,因此在弱光测量中受到一定的限制。单光子计数方法是利用弱光照射下光电倍增管输出电流信号自然离散化的特征,采用了脉冲高度甄别技术和数字计数技术,与模拟检测技术相比有以下优点:

(1) 测量结果受光电倍增管的漂移、系统增益的变化及其他不稳定因素影响较小。

(2) 基本上消除了光电倍增管高压直流漏电流和各倍增级的热发射噪声的影响,提高了测量结果的信噪比,可望达到由光发射的统计涨落性质所限制的信噪比值。

(3) 有比较宽的线性动态范围。

(4) 光子计数输出的是数字信号,适合与计算机连接做数字数据处理。

所以采用光子计数技术,可以把淹没在背景噪声中的微弱光信息提取出来。目前一般光子计数器的探测灵敏度优于 10^{-17} W,这是其他探测方法所不能比拟的。

【实验目的】

(1) 介绍这种微弱光的检测技术;了解 SGD – 2 实验系统的构成原理。

(2) 了解光子计数的基本原理、基本实验技术和弱光检测中的一些主要问题。

(3) 了解微弱光的概率分布规律。

【实验原理】

1. 光子

光是由光子组成的光子流,光子是静止质量为零、有一定能量的粒子。与一定的频率 ν 相对应,一个光子的能量 E_P 可由下式决定:

$$E_P = h\nu = hc/\lambda \tag{8-1}$$

式中,$c = 3 \times 10^8$ m/s,是真空中的光速;$h = 6.6 \times 10^{-34}$ J·s,是普朗克常数。例如,实验中所用的光源波长为 $\lambda = 500$ nm 的近单色光,则 $E_P = 3.96 \times 10^{-19}$ J。光流强度常用光功率 P 表示,单位为 W。单色光的光功率与光子流量 R(单位时间内通过某一截面的光子数目)的关系为:

$$P = R \cdot E_P \tag{8-2}$$

所以,只要能测得光子的流量 R,就能得到光流强度。如果每秒接收到 $R = 10^4$ 个光子数,对应的光功率为 $P = R \cdot E_P = 10^4 \times 3.96 \times 10^{-19} = 3.96 \times 10^{-15}$ (W)。

2. 测量弱光时光电倍增管输出信号的特征

在可见光的探测中,通常利用光子的量子特性,选用光电倍增管作探测器件。光电倍增管从紫外到近红外都有很高的灵敏度和增益。当用于非弱光测量时,通常是测量阳极对地的阳极电流,如图 8-1 (a) 所示,或测量阳极电阻 R_L 上的电压,如图 8-1 (b) 所示,测得的信号电压(或电流)为连续信号;然而在弱光条件下,阳极回路上形成的是一个个离散的尖脉冲。为此,我们必须研究在弱光条件下光电倍增管的输出信号特征。

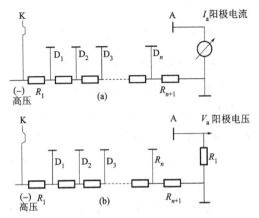

图 8-1 光电倍增管负高压供电及阳极电路图

弱光信号照射到光阴极上时，每个入射的光子以一定的概率（即量子效率）使光阴极发射一个光电子。这个光电子经倍增系统的倍增，在阳极回路中形成一个电流脉冲，即在负载电阻 R_L 上建立一个电压脉冲，这个脉冲称为"单光电子脉冲"，见图 8-2。脉冲的宽度 t_w 取决于光电倍增管的时间特性和阳极回路的时间常数 $R_L C_0$，其中 C_0 为阳极回路的分布电容和放大器的输入电容之和。性能良好的光电倍增管有较小的渡越时间分散，即从光阴极发射的电子经倍增极倍增后的电子到达阳极的时间差较小。若设法使时间常数较小则单光电子脉冲宽度 t_w 减小到 10~30 ns。如果入射光很弱，入射的光子流是一个一个离散地入射到光阴极上，则在阳极回路上得到一系列分立的脉冲信号。

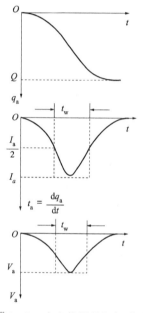

图 8-2 光电倍增管阳极波形

图 8-3 是用 TDS 3032B 示波器观察到的光电倍增管弱光输出信号经过放大器后的波形。当入射光功率 $P_i \approx 10^{-11}$ W 时，光电子信号是一直流电平并叠加有闪烁噪声（a）；当 $P_i \approx 10^{-12}$ W 时，直流电平减小，脉冲重叠减小，但仍存在基线起伏（b）；当光强继续下降到 $P_i \approx 10^{-13}$ W 时，基线开始稳定，重叠脉冲极少（c）；当 $P_i \approx 10^{-14}$ W 时，脉冲无重叠，基线趋于零（d）。由图可知，当光强下降为 10^{-14} W 量级时，在 1 ms 的时间内只有几个脉冲，也就是说，虽然光信号是持续照射的，但光电倍增管输出的光电信号却是分立的尖脉冲。这些脉冲的平均计数率与光子的流量成正比。

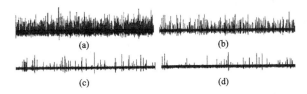

图 8-3 不同光强下光电倍增管输出信号波形

图 8-4 为光电倍增管阳极回路输出脉冲计数率 ΔR 随脉冲幅度大小的分布。曲线表示脉冲幅度在 $V \sim (V+\Delta V)$ 之间的脉冲计数率 ΔR 与脉冲幅度 V 的关系，它与曲线 $(\Delta R/\Delta V) \sim V$ 有相同的形式。因此在 ΔV 取值很小时，这种幅度分布曲线称为脉冲幅度分布的微分曲线。形成这种分布的原因有以下几点：

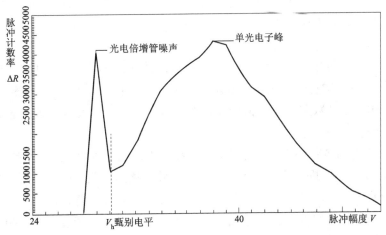

图 8-4 光电倍增管输出脉冲幅度分布的微分曲线

(1) 除光电子脉冲外，还有各倍增极的热发射电子在阳极回路形成的热发射噪声脉冲。热电子受倍增的次数比光电子少，因此它们在阳极上形成的脉冲大部分幅度较低。

(2) 光阴极的热发射电子形成的阳极输出脉冲。

(3) 各倍增极的倍增系数有一定的统计分布（大体上遵从泊松分布）。因此，噪声脉冲及光电子脉冲的幅度也有一个分布，在图 8-4 中，脉冲幅度较小的主要是热发射噪声信号，而光阴极发射的电子（包括热发射电子和光电子）形成的脉冲，它的幅度大部分集中在横坐标的中部，出现"单光电子峰"。如果用脉冲幅度甄别器把幅度高于 U_h 的脉冲鉴别输出，就能实现单光子计数。

3. 光子计数器的组成

光子计数器的原理方框图如图 8-5 所示。

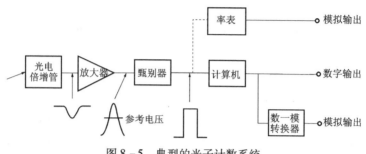

图 8-5　典型的光子计数系统

(1) 光电倍增管：光电倍增管性能的好坏直接关系到光子计数器能否正常工作。

对光子计数器中所用的光电倍增管的主要要求有：光谱响应适合于所用的工作波段；暗电流要小（它决定管子的探测灵敏度）；响应速度快、后续脉冲效应小及光阴极稳定性高。

为了提高弱光测量的信噪比，在管子选定之后，还要采取一些措施：

① 光电倍增管的电磁噪声屏蔽：电磁噪声对光子计数是非常严重的干扰，因此，作光子计数用的光电倍增管都要加以屏蔽，最好是在金属外套内衬以坡莫合金。

② 光电倍增管的供电：通常的光电技术中，光电倍增管采用负高压供电，如图 8-1 所示，即光阴极对地接负高压，外套接地。阳极输出端可直接接到放大器的输入端。这种供电方式，光阴极及各倍增极（特别是第一、第二倍增极）与外套之间有电位差存在，漏电流能使玻璃管壁产生荧光，阴极也可能发生场致辐射，造成虚假计数，这对光子计数来讲是相当大的噪声。为了防止这种噪声的发生，必须在管壁与外套之间放置一金属屏蔽层，金属屏蔽层通过一个电阻接到光阴极上，使光阴极与屏蔽层等电位；另一种方法是改为正高压供电，即阳极接正高压、阴极和外套接地，但输出端需要加一个隔直流、耐高压、低噪声的电容，如图 8-6 所示。

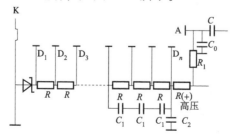

图 8-6　光电倍增管的正高压供电及阳极电路

③ 热噪声的去除：为获得较高的稳定性，降低暗计数率，本系统配有降低光电倍增管工作温度的制冷装置，并选用具有小面积光阴极的光电倍增管，阴极有效尺寸是 $\phi 25$ mm。

（2）**放大器**：放大器的功能是把光电倍增管阳极回路输出的光电子脉冲和其他的噪声脉冲线性放大，因而放大器的设计本着有利于光电子脉冲的形成和传输。对放大器的主要要求有：有一定的增益；上升时间 $t_r \leq 3$ ns，即放大器的通频带宽达 100 MHz；有较宽的线性动态范围及噪声系数要低。

图 8-7 放大器的输出脉冲放大器的增益可按如下数据估算：光电倍增管阳极回路输出的单光电子脉冲的高度为 U_a（图 8-2），单个光电子的电量 $e = 1.6 \times 10^{-19}$ C，光电倍增管的增益 $G = 10^6$，光电倍增管输出的光电子脉冲宽度 $t_w = 10 \sim 20$ ns 量级。按 10 ns 脉冲计算，阳极电流脉冲幅度

$$I_a \approx 1.6 \times 10^{-5} \text{ A} = 16 \text{ μA}$$

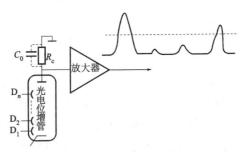

图 8-7 放大器的输出脉冲

设阳极负载电阻 $R_L = 50 \, \Omega$，分布电容 $C = 20$ pF 则输出脉冲电压波形不会畸变，其峰值为：

$$U_a = I_a R_L \approx 8.0 \times 10^{-4} \text{ V} = 0.8 \text{ mV}$$

当然，实际上由于各倍增极的倍增系数遵从泊松分布的统计规律，输出脉冲的高度也遵从泊松分布，如图 8-7 所示，上述计算值只是一个光子引起的平均脉冲峰值的期望值，一般的脉冲高度甄别器的甄别电平在几十毫伏到几伏内连续可调，所以要求放大器的增益大于 100 倍即可。

（3）**脉冲高度甄别器**：脉冲高度甄别器的功能是鉴别输出光电子脉冲，弃除光电倍增管的热发射噪声脉冲。在甄别器内设有一个连续可调的参考电压——甄别电平 U_h。如图 8-8 所示，当输出脉冲高度高于甄别电平 U_h 时，甄别器就输出一个标准脉冲；当输入脉冲高度低于 U_h 时，甄别器无输出。如果把甄别电平选在与图 8-4 中谷点对应的脉冲高度 U_h 上，这就弃除了大量的噪声脉冲，因对光电子脉冲影响较小，从而大大提高了信噪比。U_h 称为最佳甄别（阈值）电平。

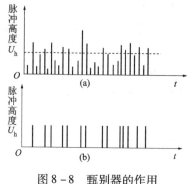

图 8-8　甄别器的作用

（a）放大后；（b）甄别

对甄别器的要求：甄别电平稳定，以减小长时间计数的计数误差；灵敏度（可甄别的最小脉冲幅度）较高，这样可降低放大器的增益要求；要有尽可能小的时间滞后，以使数据收集时间较短；死时间小、建立时间短、脉冲对分辨率≤10 ns，以保证一个个脉冲信号能被分辨开来，不致因重叠造成漏计。

需要注意的是，当用单电平的脉冲高度甄别器鉴别输出时，对应某一电平值 U，得到的是脉冲幅度大于或等于 U 的脉冲总计数率，因而只能得到积分曲线（见图 8-9），其斜率最小值对应的 U 就是最佳甄别（阈值）电平 U_h，在高于最佳甄别电平 U_h 的曲线斜率最大处的电平 U 对应单光电子峰。

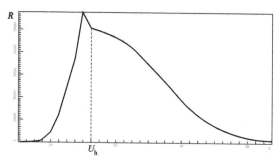

图 8-9　光电倍增管脉冲高度分布——积分曲线

（4）计数器：计数器的主要功能是在规定的测量时间间隔内，把甄别器输出的标准脉冲累计和显示。为满足高速计数率及尽量减小测量误差的需要，要求计数器的计数速率达到 100 MHz。但由于光子计数器常用于弱光测量，其信号计数率极低，故选用计数速率低于 10 MHz 的计数器也可以满足要求。

4. 光子计数器的误差及信噪比

测量弱光信号最关心的是探测信噪比（能测到的信号与测量中各种噪声

的比)。因此,必须分析光子计数系统中各种噪声的来源。

(1) 泊松统计噪声:用光电倍增管探测热光源发射的光子,相邻的光子打到光阴极上的时间间隔是随机的,对于大量粒子的统计结果服从泊松分布。即在探测到上一个光子后的时间间隔 t 内,探测到 n 个光子的概率 $P(n,t)$ 为

$$P(n,t) = \frac{(\eta Rt)^n \mathrm{e}^{-\eta Rt}}{n!} = \frac{\overline{N}^n \mathrm{e}^{-\overline{N}}}{n!} \qquad (8-3)$$

式中,η 是光电倍增管的量子计数效率,R 是光子平均流量(光子数/s),$\overline{N} = \eta Rt$,是在时间间隔 t 内光电倍增管的光阴极发射的光电子平均数。由于这种统计特性,测量到的信号计数中就有一定的不确定度,通常用均方根偏差 σ 来表示:$\sigma = \sqrt{\overline{(n-N)^2}}$。计算得出:$\sigma = \sqrt{\overline{N}} = \sqrt{\eta Rt}$。这种不确定度是一种噪声,称统计噪声。所以,统计噪声使得测量信号中固有的信噪比 SNR 为

$$\mathrm{SNR} = \frac{\overline{N}}{\sqrt{\overline{N}}} = \sqrt{\overline{N}} = \sqrt{\eta Rt} \qquad (8-4)$$

可见,测量结果的信噪比 SNR 正比于测量时间间隔 t 的平方根。

(2) 暗计数:因光电倍增管的光阴极和各倍增极有热电子发射,即在没有入射光时,还有暗计数(亦称背景计数)。虽然可以用降低管子的工作温度、选用小面积光阴极以及选择最佳的甄别电平等使暗计数率 R_d 降到最小,但相对于极微弱的光信号,仍是一个不可忽视的噪声来源。

假如以 R_d 表示光电倍增管无光照时测得的暗计数率,则在测量光信号时,按上述结果,信号中的噪声成分将增加到 $(\eta Rt + R_\mathrm{d}t)^{1/2}$,信噪比 SNR 降为

$$\mathrm{SNR} = \eta Rt/(\eta Rt + R_\mathrm{d}t)^{1/2} = \eta R(t)^{1/2}/(\eta R + R_\mathrm{d})^{1/2} \qquad (8-5)$$

这里假设倍增极的噪声和放大器的噪声已经被甄别器弃除了。对于具有高增益的第一倍增极的光电倍增管,这种近似是可取的。

(3) 累积信噪比:当用扣除背景计数或同步数字检测工作方式时,在两个相同的时间间隔 t 内,分别测量背景计数(包括暗计数和杂散光计数)N_d 和信号与背景的总计数 N_t。设信号计数为 N_P,则

$$N_\mathrm{p} = N_\mathrm{t} - N_\mathrm{d} = \eta Rt, \quad N_\mathrm{d} = R_\mathrm{d}t$$

按照误差理论,测量结果的信号计数 N_P 中的总噪声应为

$$(N_\mathrm{t} + N_\mathrm{d})^{1/2} = (\eta Rt + 2R_\mathrm{d}t)^{1/2}$$

测量结果的信噪比:

$$\begin{aligned}\mathrm{SNR} &= N_\mathrm{p}/(N_\mathrm{t}+N_\mathrm{d})^{1/2} = (N_\mathrm{t}-N_\mathrm{d})/(N_\mathrm{t}+N_\mathrm{d})^{1/2} \\ &= \eta R(t)^{1/2}/(\eta R + 2R_\mathrm{d})^{1/2}\end{aligned} \qquad (8-6)$$

当信号计数 N_p 远小于背景计数 N_d 时,测量结果的信噪比可能小于 1,此时测量结果无意义,当 SNR = 1 时,对应的接收信号功率 P_{0min} 即为仪器的探测灵敏度。

由以上的噪声分析可见,光子计数器测量结果的信噪比 SNR 与测量时间间隔的平方根($t^{1/2}$)成正比。因此在弱光测量中,为了获得一定的信噪比,可增加测量时间间隔 t,这也是光子计数能获得很高的检测灵敏度的原因。

(4)脉冲堆积效应:光电倍增管具有一定的分辨时间 t_R,如图 8-10 所示。当在分辨时间 t_R 内相继有两个或两个以上的光子入射到光阴极时(假定量子效率为 1,由于它们的时间间隔小于 t_R,光电倍增管只能输出一个脉冲,因此,光电子脉冲的输出计数率比单位时间入射到光阴极上的光子数要少;另一方面,电子学系统(主要是甄别器)有一定的死时间 t_d,在 t_d 内输入脉冲时,甄别器输出计数率也要受到损失。以上现象统称为脉冲堆积效应。

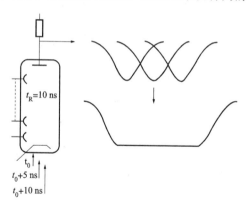

图 8-10 光电倍增管的脉冲堆积效应

脉冲堆积效应造成的输出脉冲计数率误差,可以用下面的方法进行估算。

对光电倍增管,由式(8-3)可知,在 t_R 时间内不出现光子的概率为:

$$P(0 > t_R) = \exp(-R_i t_R) \tag{8-7}$$

式中,R_i 为入射光子使光阴极单位时间内发射的光电子数,$R_i = \eta R$。在 t_R 内出现光子的概率为 $1 - \exp(-R_i t_R)$。若由于脉冲堆积,使单位时间内输出的光电子脉冲数为 R_p,则

$$R_i - R_p = R_i [1 - \exp(-R_i t_R)]$$

所以

$$R_p = R_i \exp(-R_i t_R) \tag{8-8}$$

由图 8-11 可见,R_p 随入射光子流量 R(即 R_i)记数率与输入记数率关系增大而增大。当 $R_i t_R = 1$ 时,R_p 出现最大值,以后 R_p 随 R_i 增加而下降,一

直可以下降到零。这就是说,当入射光强增加到一定数值时,光电倍增管的输出信号中的脉冲成分趋于零。此时就可以利用直流测量的方法来检测光信号。

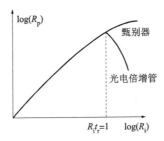

图 8-11 光电倍增管和甄别器的输出

对于甄别器,如果不考虑光电倍增管的脉冲堆积效应,在测量时间 t 内输出脉冲信号的总计数 $N = R_p \cdot t$,总的"死"时间 $= N_p t_d = R_p \cdot t \cdot t_d$。因此,总的"活"时间 $= t - R_p \cdot t \cdot t_d$。所以接收到的总的脉冲计数

$$N_p = R_p \cdot t = R_i (t - R_p \cdot t \cdot t_d)$$

甄别器的死时间 t_d 造成的脉冲堆积,使输出脉冲计数率下降为

$$R_p = R_i / (1 + R_i t_d) \tag{8-9}$$

式中,R_i 为假定死时间为零时,甄别器应该输出的脉冲计数率。由图 8-11 看出,当 $R_i t_d \geq 1$ 时,R_p 趋向饱和状态,即 R_p 不再随 R 增加而有明显变化。

由式(8-8)和式(8-9)可以分别计算出上述两种脉冲堆积效应造成的输出计数率的相对误差为:

光电倍增管分辨时间 t_R 造成的误差

$$\xi_{PMT} = 1 - \exp(-R_i t_R) \tag{8-10}$$

甄别器死时间 t_d 造成的误差

$$\xi_{DIS} = R_i t_d / (1 + R_i t_d) \tag{8-11}$$

当计数率较小时,有 $R_i t_R \ll 1$,$R_i t_d \ll 1$
则

$$\xi_{PMT} \approx R_i t_R \tag{8-12}$$

$$\xi_{DIS} \approx R_i t_d \tag{8-13}$$

当计数率较小并使用快速光电倍增管时,脉冲堆积效应引起的误差 ξ 主要取决于甄别器,即:

$$\xi = \xi_{DIS} = R_i t_d = \eta R t_d \tag{8-14}$$

一般认为,计数误差 ξ 小于 1% 的工作状态就叫做单光子计数状态,处在这种状态下的系统就称为单光子计数系统。

【工作原理及装置】

1. 原理

倍增管单光子计数器方法是利用弱光下光电输出电流信号自然离散的特征,采用脉冲高度甄别和数字计数技术将淹没在背景噪声中的弱光信号提取出来。当弱光照射到光阴极时,每个入射光子以一定的概率(即量子效率)使光阴极发射一个电子。这个光电子经倍增系统的倍增最后在阳极回路中形成一个电流脉冲,通过负载电阻形成一个电压脉冲,这个脉冲称为单光子脉冲。除光电子脉冲外,还有各倍增极的热反射电子在阳极回路中形成的热反射噪声脉冲。热电子受倍增的次数比光电子少,因而它在阳极上形成的脉冲幅度较低。此外还有光阴极的热反射形成的脉冲。噪声脉冲和光电子脉冲的幅度的分布如图8-1所示。脉冲幅度较小的主要是热反射噪声信号,而光阴极反射的电子(包括光电子和热反射电子)形成的脉冲幅度较大,出现"单光电子峰"。用脉冲幅度甄别器把幅度低于V_h的脉冲抑制掉。只让幅度高于V_h的脉冲通过就能实现单光子计数。

单光子计数器中使用的光电倍增管其光谱响应应适合所用的工作波段,暗电流要小(它决定管子的探测灵敏度)、响应速度及光阴极稳定。光电倍增管性能的好坏直接关系到光子计数器能否正常工作。

放大器的功能是把光电子脉冲和噪声脉冲线性放大,应有一定的增益,上升时间≤3 ns,即放大器的通频带宽达100 Mz;有较宽的线性动态范围及低噪声,经放大的脉冲信号送至脉冲幅度甄别器。

单光子计数器的框图如图8-12所示。

在脉冲幅度甄别器里设有一个连续可调的参考电压V_h。如图8-12所示,当输入脉冲高度低于V_h时,甄别器无输出。只有高于V_h的脉冲,甄别器输出一个标准脉冲。如果把甄别电平选在图8-12中的谷点对应的脉冲高度上,就能去掉大部分噪声脉冲而只有光电子脉冲通过,从而提高信噪比。脉冲幅度甄别器应甄别电平稳定、灵敏度高、死时间小、建立时间短、脉冲对分辨率小于10 ns,以保证不漏计。甄别器输出经过整形的脉冲。

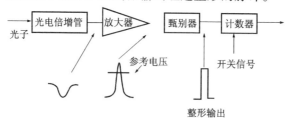

图8-12 单光子计数器的框图

2. 实验装置框图（图 8–13）

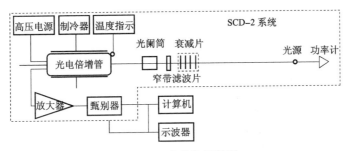

图 8–13　实验装置框图

3. 光学系统

（1）光源：工作电压稳定、光强可调。GSD–2 实验系统采用高亮度发光二极管，中心波长 $\lambda = 500$ nm，半宽度 30 nm。为了提高入射光的单色性，仪器备有窄带滤光片，其半宽度为 18 nm。

（2）探测器：GSD–2 实验系统使用的探测器是直径 28.5 mm、锑钾铯光阴极，阴极有效尺寸是 $\phi 25$ mm、硼硅玻壳、11 级盒式 + 线性倍增、端窗型 CR125 光电倍增管（如图 8–14 和图 8–15）。它具有高灵敏度、高稳定性、低暗噪声，环境温度范围 $-80\,℃ \sim 50\,℃$。GSD–2 给光电倍增管提供的工作电压最高为 1 320 V。

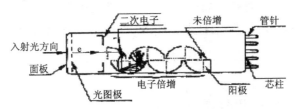

图 8–14　CR125 内部结构

图 8–15　CR125 外形

（3）光路：如图 8–16 所示，为了减小杂散光的影响和降低背景计数，在光电倍增管前设置一个光阑筒，内设置三个光阑并将光源、衰减片、窄带滤光片、光阑、接收器等严格准直同轴，把从光源出发的光信号汇聚在倍增管光阴极的中心部分。附件参数：衰减片 AB_5 透过率 5%；AB_{10} 透过率 10%；AB_{25} 透过率 25%。可以组成不同透过率的衰减片组插入光路，得到所需的入射光功率。

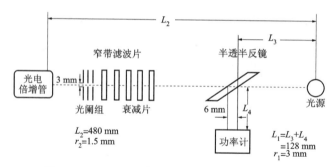

图 8-16 SGD-2 单光子计数实验系统光路参数

为了标定入射到光电倍增管的光功率 P_i，可先用光功率计测量出光源经半透半反镜反射的光功率 P_1，然后按下式计算 P_i：

$$P_i = AT\alpha K (\Omega_2/\Omega_1) P_1 \tag{8-15}$$

式中，A——窄带滤光片在时的透射率；

T——衰减片组在 500 nm 处的透过率；$T = t_1 \times t_2 \times t_3 \cdots$

α——光路中插入光学元件的全部玻璃表面反射损失造成的总效率。

总效率 $= [1 - (2\% \sim 5\%)]^N$（N 为光路中镜片全部反射面数）

K——半透半反镜的透过率和反射率之比；

Ω_1——光功率计接收面积 S_1（πr_1^2）相对于光源中心所张的立体角；

Ω_2——紧邻光电倍增管的光阑面积 S_2（πr_2^2）对于光源中心所张的立体角。

$\Omega_1 = \dfrac{\pi r_1^2}{S_1^2}$，$r_1 = 3$ mm，$S_1 = 128$；$\Omega_2 = \dfrac{\pi r_2^2}{S_2^2}$，$r_2 = 1.5$ mm，$S_2 = 480$，

$\dfrac{\Omega_2}{\Omega_1} \dfrac{\pi r_2^2}{480^2} \cdot \dfrac{128^2}{\pi r_1^2} = 0.018$，

其他参数详见图 8-16。

4. 电子学系统

接收电路包括放大器、甄别器、计数器、示波器。放大器输入负极性脉冲，输出正极性脉冲，输入阻抗 50 Ω，输出端除与甄别器输入端耦合外，还有 50 Ω 匹配电缆，供示波器观察波形用。

脉冲高度甄别器电路由线性高速比较器组成。甄别电平 0~2.56 V 可调（10 mV/挡）。

GSD-2 放大器输出的光电子脉冲和暗电流脉冲如图 8-17（a），甄别器输出的标准脉冲波形见图 8-17（b）。

示波器采用 Tektronix 生产的 TDS3032B 双通道数字式荧光示波器，信号采集由通信模块（3 GV）输入计算机。

实验8 单光子计数实验　　99

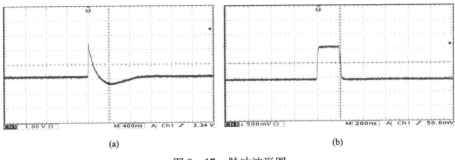

(a)　　　　　　　　　　　　　(b)

图 8-17　脉冲波形图

【实验内容及步骤】

（1）观察不同入射光强光电倍增管的输出波形分布。

① 开启 GSD-2 单光子计数实验仪 "电源"，光电倍增管预热 20~30 min。

② 开启 "功率测量" 在 μW 量程进行严格调零；开启 "光源指示"，电流调到 3~4 mA，读出 "功率测量" 指示的 P 值。

③ 开启计算机，进入 "单光子计数" 软件，给光电倍增管提供工作电压，探测器开始工作。

④ 开启示波器，输入阻抗设置 50 Ω，调节 "触发电平" 处于扫描最灵敏状态。

⑤ 打开仪器箱体，在窄带滤光片前按照衰减片的透过率，由大到小的顺序依次添加片子。同时一并观察示波器上光电倍增管的输出信号，图形应该是由连续谱到离散分立的尖脉冲，与图 8-3 相同。注意：每次开启仪器箱体添、减衰减片之后，要轻轻盖好还原，以免受到背景光的干扰。

（2）测量光电倍增管输出脉冲幅度分布的积分和微分曲线，确定测量弱光时的最佳阈值（甄别）电平 V_h。

① 选择光电倍增管输出的光电信号是分立尖脉冲的条件，运行 "单光子计数" 软件。在模式栏选择 "阈值方式"；采样参数栏中的 "高压" 是指光电倍增管的工作电压，1~8 挡分别对应 620~1 320 V，由高到低每挡 10% 递减。

② 在工具栏点击 "开始" 获得积分曲线。视图形的分布调整数值范围栏的 "起始点" 和 "终止点"，"终止点" 一般设在 30~60 挡 (10 mV/挡)；再适当地调整光电倍增管的高压挡次（6~8 挡范围）和微调入射光强，让积分曲线图形为最佳（图 8-9）。其斜率最小值处就是阈值电平 V_h。

③ 在菜单栏点击"数据/图形处理"选择"微分",再选择与积分曲线不同的"目的寄存器"运行,就会得到与积分曲线色彩不同微分曲线(图8-4)。其电平最低谷与积分曲线的最小斜率处相对应,由微分曲线更准确地读出 V_h。

(3) 单光子计数。

① 由模式栏选择"时间方式",在采样参数栏的"域值"输入步骤 2 获取的 V_h 值,数值范围的"终止点"不用设置太大,100~1 000 即可,在工具栏点击"开始",单光子计数。将数值范围的"最大值"设置到单光子数率线在显示区中间为宜。

② 此时,如果光源强度 P_1 不变,光子计数率 R_p 基本是一直线;倘若调节光功率 P_1 的高、低,光子数率也随之而变化。这说明:一旦确立阈值甄别电平、测量时间间隔相同,P_1 与 R_p 成正比。记录实验所得最高或最低的光子计数率并推算 P_i 值。

③ 由公式(8-16)计算出相应的接收光功率 P_1。

【选做内容】

(1) 测量暗计数率 R_d 和光子计数率 R_p 随光电倍增管工作温度变化关系,研究工作温度对两者的影响启动半导体制冷系统,记录温度指示器读数 X_t、与其相应的暗计数 R_d(无光输入)、加光信号时总计数率 R_p,直到 X_t 趋于稳定为止(约 1 h)。画出 $R_d - X_t$ 和 $R_p - X_t$ 曲线。

(2) 研究光计数率 R_p 和入射光功率 P_i 的对应关系

① 画出接收光信号的信噪比 SNR 与接收光功率 P_0 的关系曲线,确定最小可检测功率(即探测灵敏度)。

② 研究测量时间间隔 t 对 SNR 的影响。选择衰减片组,使入射光功率 P_i 分别 10^{-13} W、10^{-14} W 量级等几种情况,待光电倍增管工作温度稳定后,测量几种入射光功率的光计数率 R_p,测量时间间隔可选择 1 s、10 s、100 s。

③ 接收光功率 P_0 和 SNR 可分别按下列两式计算:

$$P_i = E_p R_p / \eta \tag{8-16}$$

式中,$E_p = 3.96 \times 10^{-19}$ J(500 nm 波段光子的能量),CR125 型光电倍增管对 500 nm 波段的量子计数效率由图 8-18 给出($\eta = 15\%$)。

$$\text{SNR} = \frac{(N_t - N_d)}{(N_t - N_d)^{1/2}} \tag{8-17}$$

式中:N_t——测量时间间隔内测得的总计数;

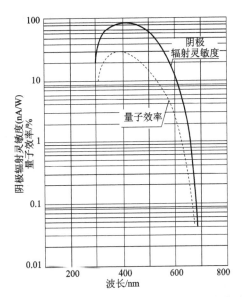

图 8－18　滨松 CR125 光谱响应和量子效率曲线

N_d——测量时间间隔内测得的背景计数。

(3) 用计算信噪比 SNR 方法确定最佳阈值(甄别)电平

改变"阈值电平",测量加光和不加光信号的光子计数率,然后用式(8－17)计算出不同阈值情况下的信噪比。SNR 的最高值对应的阈值为最佳。

【注意事项】

(1) 入射光源强度要保持稳定。

(2) 光电倍增管要防止入射强光,光阑筒前至少有窄带滤光片和一个衰减片。

(3) 光电倍增管必须经过长时间工作才能趋于稳定。因此,开机后需要经过充分的预热时间,至少 20～30 min 以上才能进行实验。

(4) 仪器箱体的开、关动作要轻,轻开轻关地还原,以便尽量减少背景光干扰。

(5) 半导体制冷装置开机前一定要先通水,然后再开启制冷电源。如果遇到停水,立即关闭制冷电源,否则将发生严重事故。

【思考题】

1. 弱光测量的要点是增大信噪比,它对周围的实验环境提出什么要求?
2. 测量暗计数和光计数时如何确定甄别器的上、下甄别电平?
3. 如何估计测量中的信噪比?

4. 为什么由持续照射的光源得到的弱光信号可以用脉冲计数的方法检测？光子计数与其他弱光检测方法相比有什么特点？

5. 接收光功率 P_0 与推算的入射光功率 P_i 是否一致？若不一致，试分析其原因。

实验 9

微波实验

9.1 微波基本知识

微波技术是一门电子技术,它在通信、空间技术、原子能技术、医疗、国防、工农业生产以及人们的日常生活中有着广泛的应用。

一、什么是微波

微波与无线电波、红外线、可见光等都是电磁波,它们之间的区别在于频率不同,通常所谓微波指的是频率在 300 MHz 到 300 GHz 之间的电磁波。它们之间由于频率相差很多,量变引起质变,各自表现出不同的性质,因而具有不同的用途。

由波长 λ 频率 f 与传播速度 c 之间的关系 $f\lambda = c$ 可知微波是波长 1 m 到 1 mm 之间的电磁波。

由于微波频率的范围相当广,所以根据所用的波长范围,划分为许多波段。在中级物理实验中所用的微波系统大多数属于 X 波段中心波长为 3.2 cm,频率为 9 375 MHz。

二、微波的特点

微波同其他频率的电磁波一样,具有电磁波所具有的本质属性,但是由于其频率较高,因此不论在振荡的发生、能量在空间的传播、电路理论和实验应用的各种元件、测量技术等方面都与无线电技术有所不同。现分别叙述如下:

(1) 在微波波段不能再用"集中参数"电路而是用分布参数电路描述。

微波的波长与无线电设备元件及地球上一般物体相比要小,而一般交流电所发生的振荡波长远大于整个系统或个别元件的实际尺寸,电路的各种参量(电阻、电容)都集中在电路的个别元件之中。在这样的电路里,电流流过一个元件或整个电路所需的时间远小于振荡周期 T,稳定状态的电压或电流认为是在整个系统各处同时建立起来，即在一任意时刻，整个电路，或沿着某一个分支电路中各点的电流均相同，其电流的数值与空间位置无关，仅随时间变化，而在微波频率下，电路的长度大于振荡的波长，电流在从一端传至另一端的过程中，振荡数值已有很大的变化，即使在同一时刻，电路中各点的电流也不同，因此在电路中不仅要研究电流与时间的关系，还要研究电流与空间的关系。在这种情况下，电路不能再认为是"集中参数"的电路，而是"分布参数"起作用，每一小段导线都具有电容、电感和电阻。这些表示电路特性的基本参数是沿着电路分布在整个导线上。

（2）微波在空间的传播方面，具有某些类似光波的特性。

我们利用某些反射装置可将光波集中成很细的一束，对微波来说，也可以在天线尺寸不太大的情况下，将电磁波的能量集中在一个很窄的波束中，进行定向发射，该辐射具有较好的方向性。此外，我们在这里要着重指出的是"微波是宇宙窗口"。它能透过地球上空的电离层向天空传播，所以卫星通信、宇宙航行等尖端科学技术都要用到微波。

（3）微波在研究方法上是研究系统的电磁场。

不论在微波的传输线或振荡系统中，电磁场的分布都是很复杂的，所以电流分布也很复杂，电压也没有一个唯一的确切的含义，只有对系统中电磁场的性质和分布有一个全面的概念，才能清楚地了解它在微波电路中发生的过程和工作特性，因此研究微波电路就不再是像在"低频"电路中那样根据电路方程（基尔霍夫定律），而必须从更一般的表征电磁现象普遍规律的电磁场方程（麦克斯韦方程）出发，求解在一定边界条件、一定介质填充的系统中的电磁场方程。

（4）在测量技术上的特点。

微波波段基本参量是功率、阻抗和波长。一般是利用微波的热效应直接测功率。为了测量阻抗就必须测量电路中的驻波，它是通过测量电场强度的相对值来实现的。测量波长一般用校准过的波长计进行。

（5）微波振荡产生方面的特点。

由于在普通电子管和晶体管中的管内电子渡越时间已经不能忽略，因而人们有效利用电子渡越时间这一因素设计出了微波电子管，如速调管、磁控管等。

（6）许多原子和分子发射和吸收的电磁波的波长正好处在微波波段，人们利用这一特点来研究分子和原子的结构，发展了微波波谱学和量子无线电物理等尖端科学。

三、微波信号源

要研究微波先要获得微波,微波晶体管和微波电子管是产生微波器件。微波晶体管(固态器件)有体效应管、雪崩二极管,微波电子管(电真空器件)有速调管、磁控管、行波管、波管及电子回旋管。其中用得最广泛的是速调管,多腔式大功率速调器可作为微波功率放大,连续功率可达几十千瓦,主要用在电视对流层散射的通信、大功率雷达及卫星通信地面站等发射机上,也可用于直线加速器。反射式速调管是低功率器件,一般在毫瓦级,工作波长为厘米和毫米级,主要用在微波收发器的本机振荡器以及微波仪器的高频源。本实验使用的就是反射式速调管,所以下边介绍一下它的基本工作原理。

1. 电子流和场的相互作用

我们首先看一简单的情况,即电子流与场相互作用。如图 9-1(a)所示,电子进入二栅网 AA' 和 BB' 之间的空隙,当 BB' 相对 AA' 为正时,电子受到电场的加速作用,使电子穿过二栅网后速度增加,电场的能量减少而转化为电子的动能。反之如图 9-1(b)所示,BB' 相对 AA' 为负,电子穿过一栅网后速度减少,电子减少的动能转化成电场能量。但若电源是交变电压 $U = U_m \sin \omega t$,如图 9-1(c)所示,则电子在交变电场的正半周内穿过二栅网,就受到加速。电子的动能增加,场的能量减少。电子在交变电场的负半周内穿过二栅网就受到减速,电子的能量减少,场的能量增加。由此可见,只有通过栅网间隙时受到减速的那些电子,才能把自己的一部分能量交给电场。如果电子流密度是均匀的,则它通过栅网间隙时将受到交变电压的连续作用,电子交给电场的能量和从场中得到的能量是相等的。

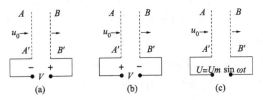

图 9-1 电子流与场相互作用原理图

采用密度不均匀的电子流,即所谓具有"密度调制"的电子流,能得到有效的能量交换,最理想的情况是使电子组成一群一群的电子群,而且刚好在栅网间隙内是最大减速场时电子群通过,这样电子流与场的能量交换最有效,反射式速调管就是根据这一原理而工作的。

反射式速调管的结构:

谐振腔:对电子速度进行调制、利用耦合环输出微波能量。

谐振腔相对于阴极处于正电位，其中都是凹进去的栅网，称上栅网和下栅网，电子可以通过栅网网眼前进。上、下栅网构成栅极，下栅网的作用是用来加速从阴极发射出来的电子，故又称加速器，上下栅网之间没有直流电场。

反射极：对电子密度进行调制，使电子发生"群聚"现象。

反射极相对于阴极处于负电位，故对电子起排斥作用，使从栅网来的电子减速并被折回到谐振腔，反射极与上栅网之间的空间称为"制动空间"。

速调管和谐振腔的结构示意图如图 9-2 所示。

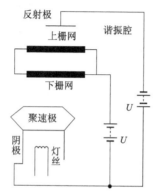

图 9-2　速调管和谐振腔的结构示意图

2. 反射式速调管的工作原理

从阴极发射的电子经加速电压加速后，以初速 V_0 穿入栅网空隙，设在谐振腔栅网空隙间有一高频交变电压 $U = U_m \sin\omega t$，则速度为 V_0 的电子的均匀电子流通过栅网空隙后，其速度为 V，$V = V_0 / V_m \sin\omega t$，即电子在穿出栅网时速度受到了"调制"，在原来的速度 V_0 上叠加了一个交变的速度分量 $V_m \sin\omega t$，这样，在调频场为正时（设上栅网电位为正，下栅网电位为负）穿过栅网的电子受到减速，而高频场为零时，电子穿过栅网后其速度不变。这样，电子的速度就受到了调制。但是我们的目的是为了能使谐振腔维持一个足够强的高频振荡（微波段），只有这样我们才能得到微波。如果谐振腔不能从外界得到电磁场能量，则原先存在于谐振腔栅网空隙间的高频交变信号就会很快衰减而消失，为了能使这个高频交变信号不断得到加强，在谐振腔中形成稳定的振荡，我们就必须以电磁场的方式给谐振腔输入足够的能量，如果仅对电子流进行速度调制，显然，腔振谐是不可能得到能量的，因为从一段时间来看，有的电子在穿过栅网时要加速，也就是说动能增加了，增加的这部分能量是从谐振腔中得到的，所以谐振腔不仅不会得到能量反而要减少一部分能量。有的电子在穿过栅网时要减速，动能要减少，减少的这部分能量就到了谐振腔，此时谐振腔得到能量。这样一来，从一段时间来看谐振腔有时消耗能量，有时得到能量，所以得到的净余能量为零。也就是说，若仅对电子束进行速度调制，谐振腔就不会得到能量，微波也不会产生，为了能使谐振腔不断得取能量，我们就必须利用反射极在制动空间对电子进行"密度"调制，下面以图9-3来说明。

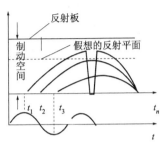

图9-3 电子速度调制原理图

在谐振腔栅网中受到速度调制的电子以不同速度进入制动空间，如图9-3所示。在时刻t_1经过栅网而受到加速（因为此时栅网的电位为上高下低）电子由于动能较大，进入制动空间，它运动的距离较远，即在制动空间经历的时间要长一些，然后返回栅网空隙。在时刻t_3经过栅网时受到减速的电子在制动空间不能穿过反射平面，运动距离较短，在制动空间停留时间也较短$(t_3 - t_n)$，而在时刻t_2经过栅网的电子由于此时不受到栅网的电场的作用，此时栅网中电场强度为零所以速度不变，它返回到栅网所需的时间在两者之间$(t_2 - t_n)$，这样，较晚出发的电子与较早出发的电子，在反射极电压满足一定值时，由于运动距离不一样，几乎会同时回到同一栅网平面（即t_n时刻）。这样，电子流就变成了一群密度不均匀的电子流，电子产生了群聚。当电子群回到谐振腔空隙时，如果恰好遇到腔内交变场为减速场时，电子群就能把能量交给交变场，从而可维持腔内高频振荡。谐振腔栅网间电场（t_n时刻），对于由阴极来的电子是加速的，但对于制动空间返回来的运动方向相反的电子则是减速的。因此当电子群回到谐振腔空间时，腔内交变场为减速峰值时，电子群交给谐振腔能量最大，即谐振腔获得能量最大，这就实现了利用电子流将直流电源的能量转换为谐振腔中的高频能量。由于这一能量转换过程，产生了高频振荡。根据理论分析，所产生的高频振荡的频率主要决定于谐振腔的尺寸，极间距离D及加速电压U_0与反射极电压U_r的大小，经推导，得到反射式速调管的工作条件为

$$\frac{fD\sqrt{\frac{8MU_0}{c}}}{U_0 + |U_r|} = n + \frac{3}{4} \quad (n = 0, 1, 2, \cdots)$$

式中，f 为振荡频率，M 为电子质量，c 为电子电量。

据上式分析，对于给定的 D 和 f，并不是任何 U_0 和 U_r 都会使反射式速调管产生振荡，因为它们必须满足上述关系式，不同的 n 称为不同的振荡区域或不同的模。如果将反射式速调管的其他电压固定，使反射极电压 U_0 逐渐变化，则得到反射速调管的若干个分裂振荡区，如图9-4所示，因为在不同的反射极电压下电子群聚的效果不同，所以不但出现分裂的振荡区，而且每个振荡区的最大输出功率也不同。在使用时，我们常常选择一最佳振荡区，在该振荡区工作时，所得到的振荡输出功率为最大。

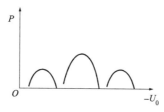

图9-4 分裂的振荡区示意图

四、常用微波元件简介

1. 铁氧体隔离器（单向器）

铁氧体隔离器是一种不可逆衰减器，微波信号正向输入时衰减很小，为 0.5~1 dB，而反向输入时衰减很大，为 20~40 dB，两个方向的衰减量之比称为隔离度，它最根本的工作原理是基于铁氧体自旋电子对左右旋园极化磁场反应不同而产生的各向异性。

在振荡源之后加一只单向器可避免因变化造成对振荡器的频率和功率的牵引。另外单向器实际上是匹配器，在实验室里可作为匹配器使用。

2. 方向耦合器

方向耦合器是检取传输线中入射波或反射波的一小部分能量，是一种分功率器，在微波测量中常用于功率与频率的监视系统。

实验室中常用的有十字架形方向耦合器，双孔耦合器。

3. 衰减器

用来改变测试系统中的微波电平，通常要求它的输入和输出端的反射尽可能小，且保持恒定，衰减量常用分贝表示即 $A = \lg \dfrac{P_1}{P_2}$（其中，P_1 为输入功率，P_2 为输出功率）。

4. 晶体检波器

用来检测微波系统中传输的电磁能量，能测量及指示微波的相对功率，在小功率的情况下，当整电流不超过 5~10 μA 时，基本上为平方律检波，也就是说测得的整个电流与微波信号场强平方成正比，因而直接与振荡功率成正比。

5. 短路活塞（电抗变换器）

短路活塞为微波测量系统提供一可变电抗，它的结构是在波导终端装一个可移动的短路活塞，要求活塞在接触处损耗要小，保证沿线得到纯驻波。

6. 匹配负载

匹配负载是微波系统的终端装置，用来吸收沿线传输的全部功率。

五、微波测量

微波测量的内容虽然很多，但是驻波测量，功率测量和频率测量是最常测量的三个基本参数，因而其他参量（α 值、衰减量、介点常数铁磁共振、阻抗）的测量都可以归结到三种基本参量的测量加以解决。

1. 驻波的测量

波导测量线是测量微波传输系统中电场强弱和分布的精密仪器，使用时应注意以下几个问题：

（1）通过调谐装置使测量线调谐，调谐的目的是消除探针插入测量线内引起的不匹配，并使探针感应的功率有效地送至检波晶体管。

（2）使探针在开槽波导管内有适当的穿伸度，显然穿伸度大，影响开槽线内的场分布而产生误差，穿伸太小，又会降低测量的灵敏度，探针穿伸度一般取为波导窄壁高度的 5%~10%。

（3）注意检波晶体管的检波律。检波电流 I 与电压 V 有关，而 V 与探针所处电场 E 成正比，I、E 满足关系式 $I = KE^n$，其中 K、n 为常数，在小功率的情况下，可以认为 $n=2$，即平方律检波在比较精确的测量中应对检波律进行校准。

驻波比的测量要根据驻波比的大小分别对待。

驻波比的定义为：$\rho = E_{max} / E_{min}$

在功率较小，驻波比不太大的情况下（$\rho < 10$），可取

$$\rho = \sqrt{\frac{I_{max}}{I_{min}}}$$

波节位置和波导波长的测定：

极小值点的位置有的不太容易找出，可在它附近测两点的距离坐标，此两点在指示器上读数相等。然后取该两点坐标的平均值，即为极小值点的坐标，这种方法称为等信号读数法，而波导波长 λ_g 由两个邻近极小值点决定。

$$\lambda_g = 2\ (X_{\min} - X_{\min 1})$$
$$= 2\left[\frac{1}{2}\ (X'_2 + X''_2)\right] - \frac{1}{2}\ (X'_1 + X''_1)$$

2. 频率和测量

微波频率的测量方法基本有两种，一是谐振法，二是频率比较法。实际测量中主要使用谐振法，只有在做精密测量时才使用频率比较法。

谐振法的测量设备是谐振腔波长计。谐振腔波长计有两种形式，一种是传输式（最大读数法），另一种是吸收式（最小读数法）。本实验使用吸收式。

另外也可采用间接方法测频率，先测出波导波长 λ_g，然后求出自由空间的波长，最后由 $f = c/\lambda_c$ 求出频率（其中，λ_c 为波导的截止波长，对于 H_0 波，截止波长为波导宽边的二倍，即 $\lambda_c = 2a$、f 为频率，c 为光速）。

3. 功率的测量

借助于检波晶体管的检波电流，可以简单地估计功率的大小，在小功率的情况下可以认为是平方律检波，即检波电流 I 与微波功率 P 成正比，$I = KP$，K 为常数，但检波晶体管的特性易受环境的影响，要精确定出 K 值不可能，所以不能用来测量功率的绝对值，但用来指示相对功率还是可以的。

4. 相对功率

在晶体检波器前加一个精密的可变衰减器，则可以在输入的微波功率变化时，调节精密衰减器，使检波电流保持恒定则由精密衰减器的衰减量的大小得知输入功率的相对值。

5. 绝对功率

使用功率计可测量微波功率的绝对大小，测量原理和方法如下：

微波信号通过传输线至功率计时，功率计探头为此时传输线的负载，当完全匹配时，传输功率全部为负载吸收，但完全匹配是不可能的，必有一部分传输功率会被反射回来，它正比于 $|r^2|$（r 是反射系数）。此时真正为功率计所吸收的功率为：

$$P_2 = P_1\ (1 - |r^2|)$$

另外在传输系统中，传输线会对信号功率产生一定的损耗，输入的功率为 P_0，到达负载处的功率 P_1，则有 $P_1 = P_0/K$，式中 $1/K$ 是以倍乘表示的微波元件的损耗，因此我们得到功率计测量的功率 P_2 与传输系统的输入功率 P_0 间的关系为：

$$P_0 = \frac{K}{1 - |r^2|} P_2,\ \text{其中}\ |r| = \frac{\rho - 1}{\rho + 1}\ (\rho\ \text{为驻波比})$$

9.2 实　验

【实验目的】

（1）熟悉和掌握微波测试系统的调整技术。
（2）熟悉和掌握驻波测量线的使用方法及小驻波比的测量。
（3）对波导系统传输的电磁波的特性有一个初步的了解。

【实验仪器】

微波信号发生器，驻波测量线，光点检流计、微安表、波导元件。

【实验装置】

实验装置框图如图9-5所示。对实验装置说明如下：在本实验中用信号发生器的波长表测量频率，这里外接的波长表仅为了便于熟悉波长表的使用。由于信号发生器上所带的衰减器的衰减量不能直接得到，所以本实验又外接一个可变衰减器，在实验中用这个衰减器调节衰减量。由于信号发生器内已有隔离器，所以外边不再接隔离器。

图9-5　实验装置框图

1. 微波的传输状态

当波导终端是理想导体板时，称终端短路，形成全反射，这时波导中形成纯驻波（图9-6(a)）。当微波功率全部为终端负载所吸收时，这种负载称为"匹配负载"，此时波导中不存在反射波，传播的是行波（图9-6(b)），这种状态称为匹配状态。

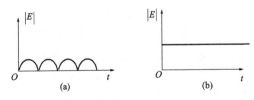

图9-6　微波的传输状态

在一般情况下，波导中传播的不是单纯的行波或驻波，这时称为混波状态（图9-7）。

问题：若波导测量线中微波的形态是纯驻波，你能否测出其波长？

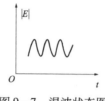

图9-7 混波状态图

2. 波导测量线

在波导的宽边中央开有一个狭槽，金属探针经狭槽伸入波导中，由于探针与电场平行，电场的变化在探针上感应出的电动势经过微波二极管后变成电流信号送入选频放大器。所以当探针在波导中移动时，若此时波导中是纯驻波，则可观察到选频放大器的微安表指针忽大忽小的摆动（为什么？）。

3. 等信号读数法

在一些测量中需要准确确定波节的位置，但是由于驻波波节附近测量线的检波指示器（即选频放大器），读数很小，难以找到波节的准确位置，为了提高测量精度，可以用等信号读数法来测量波节的正确位置。等信号读数法就是在波节左右两侧找出 X'_1、X'_2 如图9-8所示两个位置，使选频放大器的微安表指示均为一微小偏转（如为两小格）。

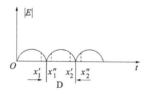

图9-8 等信号读数法

4. 微波信号发生器的使用

（1）将轴流风机接入。

（2）将电源导线插入插座并开启电源开关，预热5分钟。

（3）开启"腔压"开关。

（4）将"工作方式"旋钮置于"连续"后，缓慢旋转"反射极"旋钮（由左向右），注意观察微安表上指针变化，解释这种现象。

（5）选择一个最大振荡模并通过"指示调节旋钮"和"分流器"旋钮将微安表指针调至"80"刻度处。

（6）测量微波频率，缓慢旋转"波长表"旋钮，使微安表指针达最小指示，此时迅速记录波长表读数：以红线为准，上边标度尺应读取红线右侧数值，例如3.5，下边标度尺为小数部分，按红线指示位置读取，如0.25。则波长表数值为3.5+0.25=3.75。据此数值再查频率对照表即可求得自由空间的微波频率。注意！记录下波长表数值后应迅速将波长表旋钮旋过一角度，使微安表指针恢复原值（80），否则会损坏速调管。

（7）将工作方式旋钮置于"内调幅"，调节"幅度"旋钮，将微安表指针调至"40"处，至此，调节完毕。

【实验步骤】

1）使信号发生器工作，即发生器上的微安表出现适当的指示。

（1）将机箱后面电源变换插头置于与电源相适应的位置。

（2）接上灯源，将面板上的电源开关扳到"通"的位置上，绿指示灯亮，电风扇应即转动，加热5分钟后将腔开关扳到"通"位置上红灯即亮。

（3）旋转面板上"反射极"旋钮，使微安表出现指示，同时调节"分流器"旋钮，使微安表指示适当位置。

2）反复调节"反射板"旋钮，"频率"旋钮，同时利用波长表测量频率，使其工作在 9 200~9 500 MHz 之间。

3）把反射极电压由小逐渐增大（仅考虑数值），观察微安表指示与反射极电压的关系，并使其工作在最佳状态。

4）反复调节测量线探头和调节探针穿伸度，使探针穿伸度尽可能小，探针电纳也尽可能小，然后用测量线测波导波长 λ 并验证

$$\lambda_g = \frac{\lambda}{\sqrt{1-\left(\frac{\lambda}{\lambda_0}\right)^2}}$$

式中，λ_0 为自由空间的波长，λ_c 为截止波长，并定性地看一下终端接短路片时，波导中传播的驻波波形。

5）改接上全吸收负载测驻波比 ρ，并定性看一下这时波导中传播的波形。

6）终端接上检波验出头和灵敏电流计，先在不匹配时测驻波 ρ，然后调节反射面，使输出为最大，再测驻波比 ρ（注意：灵敏电流计量很小，所以一定要同时调节可变衰减器，使电流指示适当）。

7）测定晶体的检波律。

根据波晶体的非线性特性 $I=V^n$ 若将波导终端短路后，波导各点电场所表示为

$$E = E_m \sin\frac{2\pi}{\lambda_g}L$$

式中，L 为该点距离短路端的距离。

由于晶体检波管两端的电压 V 正比于探针所在位置的电场强度，所以

$$V = K' \sin \frac{2\pi}{\lambda_g} L$$

并代入 $I = KV_n$ 中得

$$I = K \left(K' \sin \frac{2\pi}{\lambda_g} L \right)^n$$

取对数 $\lg I = \lg K'' + n \lg \sin \frac{2\pi}{\lambda_g} L$

若以电场驻波波节 $L = L_0$ 为参考点，将探针从参考点向左移动，记下逐点的坐标 d（测 $L = d - L_0$）和相应的检波电流 I，并在全对数坐标纸上画出 $\lg I - \lg \sin \frac{2\pi}{\lambda_g} L$ 关系曲线，那么此曲线的斜率便是所求的 n 值。

【思考题】

1. 检波输出终端，在输出大时 ρ 小，在输出小时 ρ 大，你能否用能量的观点解释此现象？

2. 为什么测定波导波长 λ_g 时，要由相邻两节点的位置来确定，而不由相邻两腹点的位置来确定？决定节点位置时，为什么常用等信号读数法？

3. 调谐测量线探头时，为什么要放在两节点的中点位置时进行？

实验 10

半导体激光器实验

  激光的产生需要工作物质、激励能源和谐振腔。半导体激光器是指以半导体材料为工作物质的一类激光器，亦称为半导体激光二极管（Semiconductor Laser Diode，SLD），是 20 世纪 60 年代初发展起来的一种新型光源。它的发光原理是通过正向偏压下 P-N 结中空间电荷区附近形成的载流子（电子）反转分布"激活区"的个别自发发射感应受激辐射而发出相干光。发射波长在 0.33~100 μm 的范围。激励方式有 P-N 结注入电流激励、电子束激励、光激励和碰撞电离激励等四种。我们最常用的 P-N 结注入式，是最为成熟的。使用的工作物质有 GaAS、InGaAsP 等直接带隙半导体材料。半导体激光器由于构成材料的不同分为同质结激光器和异质结激光器。如果 P-N 结是由相同的半导体材料通过不同的掺杂而构成，称为同质结，否则称为异质结。

  激光器的出现可以追溯到 1958 年，接着固体红宝石激光器和 He-Ne 气体激光器分别在 1960 年 5 月和 1960 年 12 月运行成功。1960 年前后，激光器的研究工作进展很快。而在电子技术领域中 P-N 结器件的研究工作是进展最快的。这些研究的焦点是通过 P-N 结注入非平衡载流子来产生受激发射。冯·纽曼（VonNewman）在 1953 年提出了利用 P-N 结注入激发——半导体受激发射产生光放大的可能性。1962 年初纳斯莱多夫（Nasledov）等报道了在 77 K 下 GaAs 二极管的电子发光谱在电流密度为 1.5×10^3 A/cm^2 时变窄的现象。他们利用了解理面作为谐振腔的反射镜面，而没有专门制作谐振腔。1962 年 9 月霍尔等发现了加正偏压的 GaAs 的 P-N 结的相干光发射，推断为受激发射，把此类由单一半导体材料组成的激光器称为同质结激光器。

  继霍尔之后，霍伦雅克和贝瓦奎（Bavacqua）在 77 K 情况下实现了脉冲注入受激发射。首次制作了Ⅲ-Ⅴ族固溶体的注入型激光器，并实现了可见光发射（0.7 μm）。

  在证明了同质结激光器中的 P-N 结受激发射后，人们开始关注温度对阈值电流的影响及其他几种激光二极管，增添了Ⅳ-Ⅵ族化合物作为新材料。而同质结注入型激光器有一个共同的致命弱点，即室温受激发射的阈值电流特别高，通常≥5 000 A/cm^2。许多研究工作只有在液氮温度（77 K）或更低温度下才能进行。

进入20世纪80年代以来,由于吸取了半导体物理研究的新成果,同时晶体外延生长新工艺包括分子束外延(MBE)、金属有机化学气相沉积(MOCVD)和化学束外延(CBE)等取得重大的成就,使得半导体激光器成功地采用了双异质结构、量子阱和应变量子阱结构、垂直腔面发射以及激光器列阵等新结构,克服了同质结激光器的致命弱点,获得了极低阈值、单频、高调制速率、扩展新波长以及高效率激射等优点。

总之,半导体激光器的发明使光信息技术产生了里程碑式的飞跃,它的发展不过30多年,却已经取得了举世瞩目的成就,各项性能参数有很大的提高,应用领域日益扩大。随着科学技术的发展,半导体激光器的研究必将向纵深的方向推进。至于半导体激光器本身,在拓展发射波长范围、降低阈值电流密度、提高量子效率、增加输出功率、提高调制频率、压窄线宽、降低噪声等方面始终都是追求的目标。以激光器为核心的半导体光电子技术必将在未来的信息社会取得更大的发展,发挥更大的作用。

研究半导体激光器的功率、光谱及消光比对了解半导体激光器的性能具有很重要的意义。对于一个给定的半导体激光器,在使用之前必须了解它的工作特性。半导体激光器和放大器的增益对波长和注入电流有一定的依赖关系,确定这种关系,即测量增益曲线,对于预测激光器和放大器的工作性能是必要的。首先可以通过测量 $P-I$ 曲线,求出激光器的阈值。根据阈值调节激光器工作在自发发射状态还是在受激光发射状态。通过观察激光器的光谱,可以了解激光器在某一特定电流工作时输出光谱的波长范围和占主导地位的激发模式所处的波长及功率,以及输出谱的质量,据此来判断激光器性能的好坏,作为应用或进一步研究的基础。

半导体激光二极管的结构种类很多,图 10-1 是垂直腔面发射半导体激光二极管的基本结构及发光束形状示意图。

【实验目的】

(1) 了解半导体激光器的发明和发展。

(2) 了解半导体激光器的基本原理,半导体激光器的结构,半导体激光产生的条件。

(3) 掌握半导体激光器性能的测试方法:发光功率的测量($P-I$ 曲线);消光比的测量(E_R-I 曲线);光谱的测量(观测光谱形状变化、λ_P-I)。

【半导体激光器的发光原理】

最简单的异质结半导体激光器由带隙能量较高的 P 型和 N 型半导体材料

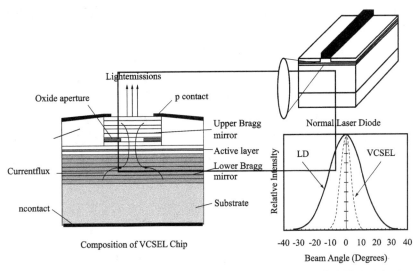

图 10-1 垂直腔面发射半导体激光二极管的基本结构及发光束形状示意图

中间夹一层很薄（0.1 μm 以下）的带隙能量较低的另一种半导体材料而构成，图 10-2 给出了一个这种异质结构激光器的示意图，激光由激活区的两个解理端面输出，尽管在垂直于结平面的方向上载流子和光子都被限制在很窄的范围（双异质结的性能），但在平行于结平面的方向上光子和载流子几乎没有受到限制，因此输出的光斑具有椭圆的形状（图 10-1），这种激光器称为宽面半导体激光器。由于电流是沿整个平行于结的激活区平面注入，所以这种激光器的阈值电流很高。利用某种方法使平行于结平面的激活区由平面结构变成条型结构，即在输出平面（横截面）的横向上再对载流子和光子进行限制，使载流子和光子都被局限在一个较窄（2 μm 以下）和很薄的条形区域内，以提高载流子和光子浓度，降低激光器的阈值，相对于宽面激光器，这种激光器称为条形激光器。目前，条形激光器采用了增益导引和折射率导引两种结构。

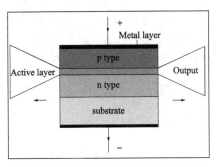

图 10-2 半导体激光器的发光原理

一个具有少数载流子（复合补偿掺杂区）的有源平面波导，由于折射率高于周围介质可将光束约束在其内部，而构成了激光二极管的激活区。在同质结中，载流子的复合发生在较宽的范围（1~10 μm），由载流子的扩散长度决定，因此载流子浓度较低，发光效率不高。后来在 P 型和 N 型材料中间加入一薄层带隙比两端的 P 型和 N 型材料窄的半导体材料，折射率的突变使光约束大为增强，强的约束使异质结激光器在室温下比同质结激光器有高得多的发射效率。如果该夹层是 P 型或 N 型半导体，这种结构成为双异质结。

实用的半导体激光器通常制成模块结构，用光纤输出，如图10-3所示。

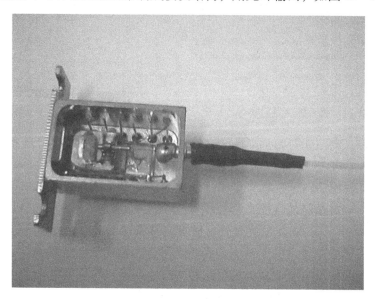

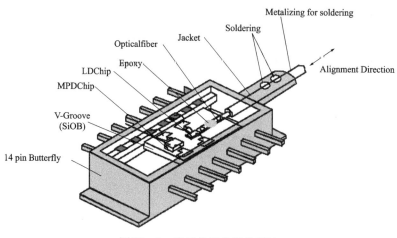

图10-3 半导体激光器的模块

【实验原理及方法】

1. 半导体激光器的输出功率与工作电流的关系

典型的半导体激光器的输出功率与工作电流的关系曲线（$P-I$ 特性曲线）如图 10-4 所示。当激光器的正向偏置有注入电流时就开始有光输出，一开始输出光效率很低，即曲线的斜率很小，这一阶段是自发辐射发光阶段。电流增加到一定值后，发光效率开始增加，$P-I$ 曲线开始弯曲向上，斜率增大，表明受激辐射发光开始起作用并逐渐加大比重，这一阶段的发光称为超辐射发光。当电流进一步增加，即粒子数反转达到光子在腔内所得到的增益与受到的损耗相等时，光子才能获得净增益并在腔内振荡激射，此后，光输出功率随电流陡峻上升。光子在谐振腔内振荡开始出现和增益所必须满足的条件称为阈值条件，这时的电流值被称为阈值电流，用 I_{th} 表示，阈值电流密度用 J_{th} 表示，阈值增益用 I_{th}^g 表示。改变温度可以得到不同的 $P-I$ 曲线。图 10-4 是某一半导体激光二极管不同温度下的 $P-I$ 特性曲线。

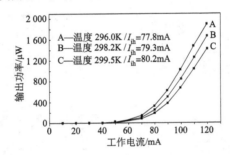

图 10-4 $P-I$ 特性曲线示意图

2. 光谱特性

半导体激光器谐振腔的质量优劣可用品质因素 Q 来描述。对于所给模式的 Q 值定义为 $Q = 2\pi\nu W_E/P_x$。其中，ν 是模的频率，W_E 是集中于某一模的辐射能量，P_x 是模的总损耗，包括单位时间内从谐振腔发射到腔外的光辐射。Q 与谱的线宽 $\Delta\nu$ 有关，即 $Q = \nu/\Delta\nu$。随着电流密度增加，激光器有源区的粒子数反转增强，集中在某一模式的光功率增加。首先对那些具有高 Q 值的模激射。这些模式的频率接近于增益谱特性的峰值，因而对应光谱的峰宽减少。谐振腔的品质因素 Q 值增加，这个过程一直持续到总的光功率集中到几个最有利的模式为止。

实际上，典型的折射率导引型半导体激光器的光谱特性常常比较宽，因为有时候发射的光波中包含着若干个模的组合，形成这种多模特性有两个原因。首先有源区粒子数反转分布在空间上不均匀，谐振腔内激励的驻波干扰着粒子数反转分布——也叫空间烧孔效应，这是参与辐射复合的载流子浓度空间分布不均匀的结果，这叫光谱空间烧孔效应。其次，对于给定频率模式的增益降低，对应于新的粒子反转数反转分布，这样另一个有利的模式被激励的概率就增加了。此时下一个驻波被建立，以此循环达到平衡。相邻边模被激励的第二种机制与吸收的非线性有关。随着辐射功率进一步集中某个模，对应于这个模的品质因素 Q 会降低。这个模式就不再是优先的了，而另一个模式将被激励。

3. 光谱的测量

把半导体激光器发出的光用光纤引入光谱分析仪，然后通过内部的计算机处理，就能把光谱直观地显示到显示屏上，便于观察分析。特别注意观察峰位、峰宽的变化。测量时要把不同条件对应的光谱保存到磁盘上。图 10-5 是测得的半导体激光器在不同工作电流下发出的光谱。

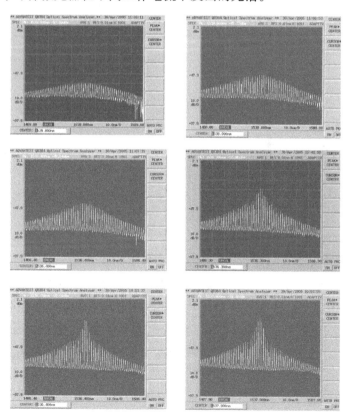

图 10-5　半导体激光器在不同工作电流下发出的光谱

(a) $I=6$ mA，中心波长 1 539.800 nm；(b) $I=8$ mA，中心波长 1 538.00 nm；
(c) $I=8.5$ mA，中心波长 1 536.400 nm；(d) $I=10$ mA，中心波长 1 536.300 nm；
(e) $I=12$ mA，中心波长 1 536.400 nm；(f) $I=15$ mA，中心波长 1 537.900 nm

图 10-6 是所测量的某半导体激光器光谱的峰值波长和光谱的 3 dB 带宽与工作电流的关系。

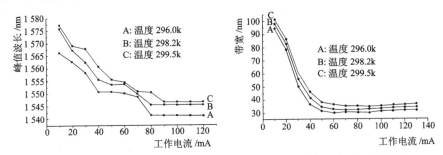

图 10-6 半导体激光器光谱的峰值波长和 3 dB 带宽与工作电流的关系

4. 消光比的定义

不同条件下工作的半导体激光器,输出的光是由不同模式组成的。因为各个模式的能量不同,所以输出的平均光功率会随着工作条件的改变而变化。

消光比的测试是根据布儒斯特定律进行的。P_{max} 表示某个偏振方向上最高的平均输出光功率,P_{min} 表示某个偏振方向上最低的平均输出光功率。则消光比定义为:

$$E_X = 10\lg(P_{max}/P_{min})$$

注意在实验测量的过程中,可以直接从消光比测试仪的读数中得到消光比。测试仪内狭缝的偏转自动进行,因而显示数据会涨落。记录结果时要取一段时间内(约 20 秒)变化数据的算术平均值。

图 10-7 是半导体激光器在不同温度下消光比随工作电流的变化关系。

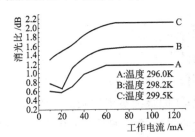

图 10-7 半导体激光器在不同温度下消光比随工作电流的变化

【实验仪器】

(1) ILXLIGHT WAVE OM-6810B OPTICALMUL TMETER 光多用仪。
(2) ADVANTEST Q8384 OPTICAL SPECTRUM ANALYZER 光谱分析仪。
(3) EXTINCTION RATIO METER 消光比仪。

【实验步骤】

本实验中,采用直流稳压电源给激光器加上偏置电流后,在功率计上即可显示出相应的激光器在一定电流下端面输出功率的大小。将电流从小到大(或反向)连续变化,我们就可以得到激光器输出功率与偏置电流的关系,可以借此绘出曲线($P-I$ 曲线),并可以利用外推法从图中求出激光器阈值电流的大小。

采用光谱分析仪可以测量到激光器在一定电流下的输出光谱,可以测出各个电流的中心波长,这样可以了解激光器的模式结构和光谱形状,求出在一定电流下的激光器的增益等一系列参数。利用消光比仪测出各个电流的消光比。

1. 功率的测量

(1) 将各仪器按照要求连接好。

(2) 打开直流稳压电源,打开光多用仪。

(3) 将激光器的偏置电流输入插头接于稳压电源的电流输出端。

(4) 将激光器与光多用仪的输入端相连并使探头正好对激光器输出端,打开光多用仪。

(5) 缓慢增加激光器输入电流(0~130 mA),从功率计观察输出大小随电流变化的情况。

(6) 记录数据。

(7) 绘图。

2. 光谱的测量

(1) 将各仪器按照要求连接好。

(2) 打开电源,打开光谱分析仪。

(3) 逐步调节电流值(0~130 mA)。

(4) 电流调至由 $P-I$ 曲线测量出的阈值电流以上。

(5) 测出各点的中心(峰值)波长,并保存光谱图。

3. 消光比的测量

(1) 将激光器的输出端连接到消光比仪上。

(2) 逐步调节电流值(0~130 mA)。

(3) 记录各点的消光比。

【实验结果的处理与分析】

以光功率 P 为纵轴,I 为横轴作图,描曲线如图 10-4 所示,找出线性部分的切线,并延长到与 I 轴相交,交点就是阈值电流 I_{th},区分各段的发光类型。以峰值波长 λ_P 为纵轴,I 为横轴作图,描曲线如图 10-6 所示,指出 λ_P 随 I 的变化趋势,结合光谱形状变化说明原因。以消光比 E_R 为纵轴,I 为横轴作图,描曲线如图 10-7 所示,指出各段 E_R 随 I 的变化趋势,分析原因。

表 10-1　发光功率 P、峰值波长 λ_P、消光比 E_R 与电流 I 的对应关系数据

电流/mA	功率/μW	峰值波长/nm	消光比/dB
0			
10			
20			
30			
40			
50			
60			
70			
80			
90			
100			
110			
120			
130			
140			
150			

【结论】

根据实验得到了半导体激光器的功率、光谱峰值波长及消光比与工作电流的关系,从而得出结论,并分析原因。

实验 11

功能材料制备实验

【实验目的】

(1) 学会制备一些新型功能材料,主要是用固相反应法制备 123 相 $YBa_2Cu_3O_{7-\delta}$(YBCO)及其系列掺杂的超导材料,也可进行一些热电材料、磁阻材料、PTC 材料、高介电常数材料等制备。

(2) 可以进行一些自主设计的创新提高性实验。

【实验原理】

1. 以高温超导材料为例,作一些介绍

在氧气气氛下,利用固相反应法将合成超导体所需之金属氧化物或者碳酸氧按一定比例混合,加以研磨均匀,放入高温炉中焙烧和烧结,便可合成超导材料。

发生的化学反应是:

$$Y_2O_3 + CuO + BaCO_3 \longrightarrow YBa_2Cu_3O_7$$

1986 年高温超导的发现是现代物理学数十年来最令人兴奋的里程碑。至今已有镧铜氧、钕铜氧、锶铜氧、铱钡铜氧、铋锶钙铜氧、铊钡钙铜氧和汞钡钙铜氧七大氧化物系列相继问世,由此七大氧化物系列衍生出来的超导体多达百种以上。超导临界温度 T_c 从 30 K 被提高到常压下的 135 K、高压下的 164 K。了解高温超导现象及此类固体的各种性质已成为固体科学领域中的一部分。

高温超导材料一般是指在液氮温度(-196 ℃)电阻可接近零的超导材料。同样直径的高温超导材料和普通铜材料相比,前者的导电能力是后者的 100 倍以上,并具有输电损耗小,制成器材体积小、重量轻、效率高的特点,正在用于研制开发新一代超导变压器、超导限流器、超导电缆、超导电机、超导磁分离装置、超导磁拉单晶生长炉、超导磁悬浮列车以及核磁共振人体成像仪等产品。这些产品将会在能源、交通、环保、医疗、军事等领域产生巨大效益。美国科学家认为:"21 世纪的超导技术如同 20 世纪的半导体技术,将对人类生活产生积极而深远的影响。"

2. 超导机制与理论模型

高温超导氧化物的高 T_c 值可能导致经典的 BCS 超导图像的失效（电—声子机制的 McMillan 公式给出最高 $T_c \approx 40$ K），这为创建新的超导机制和理论提供了契机。目前关于高温超导体的众多的理论方案大体上可以分为两大类：一类是 BCS 型，另一类是非 BCS 型的，归纳如表 11-1 所示。

表 11-1 高 T_c 氧化物超导电性理论的分类

理论模型	物理机制		
	电—声子机制	磁机制	电荷机制
BCS 型	传统的 BCS 理论（对物理参量加以调整）	磁振子，自旋口袋	激子，等离激元
非 BCS 型	双极化子的 Bose 凝聚	共振价健，t-J 模型	电荷转移共振，电荷涨落

3. 高温超导体的制备

高温超导体材料基本上属于金属氧化物陶瓷的一种，其制备过程并不非常困难，制备氧化物高温超导体的常用方法主要有两种，如图 11-1 所示。其一，用原料直接研磨和焙烧的固相反应 (solid state action)；其二，利用溶液化学反应来合成的柠檬酸盐凝胶法 (citrate gel) 以及草酸盐共沉淀法 (oxalate coprecipitation)。

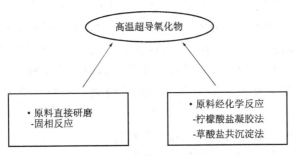

图 11-1 制备高温超导体氧化物的常用方法

（1）固相反应。

固相反应是将金属氧化物或者碳酸氧按一定比例混合，直接研磨、焙烧 (calcination) 和烧结 (sintering) 而合成样品。图 11-2 为用固相反应合成超导材料的过程。

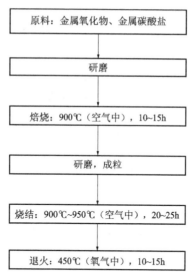

图 11-2 利用固相反应合成高温超导材料的制备过程

本方法优点为制备过程简易,缺点是合成的材料颗粒粗、均匀度差,影响到材料的超导性能,如超导转变温度(superconducting transition temperature)的跃迁宽度 ΔT 较大等。氧化铝坩埚还会将少量铝杂质引入超导体内,特别是在高温焙烧过程中,这会严重地破坏超导性能。纯度极高的样品制备一般可用氧化镁或 $BaZrO_3$ 坩埚。虽然如此,该方法至今仍是制备汞系和铊系高温超导体的主要方法。

(2)柠檬酸盐凝胶法。

柠檬酸盐凝胶法[4]是将各金属的硝酸氧溶于柠檬酸(citric acid)及乙二胺(ethylene diamine)溶液中,加热至90℃~120℃,受热1~2 h后冷却至室温形成均匀的凝胶。将凝胶在500℃预分解2 h,以便把样品中的有机杂质除去。接着再进行与固相反应相类似的步骤,即经过焙烧和烧结,最后得到具有超导性的粉末或块材。图11-3为用柠檬酸盐凝胶法合成高温超导体的过程。

利用柠檬酸盐凝胶法制备高温超导材料的最大优点是:产物的颗粒细且均匀,适合大批量生产,易控制产品质量。缺点是:在凝胶合成的过程中常有碱土金属(如钡)的沉淀物产生(本方法中利用乙二胺调整溶液的 pH 值至6可克服此缺点),造成凝胶的均匀性降低。

(3)草酸盐共沉淀法。

草酸盐共沉淀法是在各金属的硝酸盐水溶液中,加入草酸作为沉淀剂,再以氢氧化钾(或氢氧化钠)调整溶液的 pH 值,使之产生各金属的共沉淀

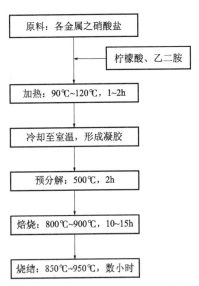

图 11-3　为用柠檬酸盐凝胶法合成高温超导体的过程

物，然后再将该共沉淀物过滤、烧结而得到具有超导性的粉末。图 11-4 为用草酸盐共沉淀法合成高温超导体的过程。

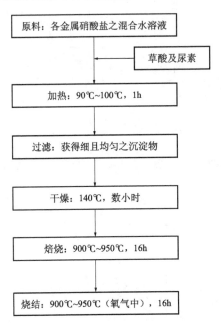

图 11-4　利用草酸盐共沉淀法合成高温超导粉末材料过程

此方法的缺点在于：当加入氢氧化钾时，在极短的时间内，溶液的 pH 值发生变化，虽致使共沉淀物迅速产生，却不易得到均匀的共沉淀物，而且，在获得的共沉淀物中可能含有钾的成分,可能影响到所得粉末的超导性,导致材料的超导效应变差。

4. 高温氧化物超导体稳定性研究

随着超导材料 T_c 的不断提高,人们对超导材料的广泛应用充满憧憬,所以对超导体稳定性的研究也已备受关注。到目前为止,人们已陆续发现空气中的 H_2O 和 CO_2 会影响 YBCO 高温氧化物超导体超导电性,一块放置于正常的空气中的 YBCO,在约两个月后,测量发现没有明显的转变区域,即基本丧失了超导特性,而一块放置在干燥器中的 YBCO 却能放置数年之久,它们的 $R-T$ 曲线如图 11-5、图 11-6 所示。人们还发现光照对 YBCO 的 T_c 及正常态的电阻都有影响[8],尤其是持久的光照效应(PPC 效应)的发现表明:高温氧化物超导体的光照效应与传统超导体的不同,对 YBCO 光照以后发现其电阻率下降,T_c 有所升高,而且这种状态的弛豫时间很长,可以是十几小时到几十小时;甚至高功率微波对 YBCO 超导材料零界电流密度 J_c 也有所影响,实验表明:适当的微波辐照有利于提高超导样品的零界电流密度 J_c,一次照射与未照射的样品相比较,J_c 提高了近一个数量级。

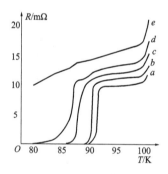

图 11-5 置于空气中 YBCO 的 $R-T$ 曲线

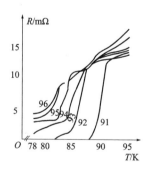

图 11-6 置于干燥器中 YBCO 的 $R-T$ 曲线

高温超导材料的制备技术已相对比较成熟,如固态反应法、共沉淀法、溶胶凝胶法等。而且主要利用超导体的两大特性——零电阻与反磁性,制造了如磁浮列车、超导导线、超导发电机、超导电磁动力船、超导量子干涉仪、核磁共振断面扫描仪等。正因为超导体有着不同于正常导体的奇特性质——零电阻,这在能源相对紧张的 21 世纪将具有无可比拟的发展优势。但是目前,超导技术还没能在实际中得到广泛的应用,这需要一段较长的研究摸索过程,当然最大的难题还是温度问题。但随着科学的发展,超导材料必将在 21 世纪的科技发展中担当一个重要角色,为人类科学的进步做出贡献。

【实验内容】

YBCO 的制备实验流程图如图 11-7 所示。

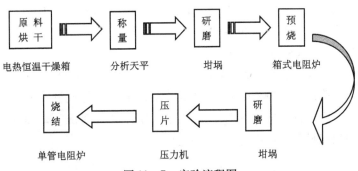

图 11-7 实验流程图

主要设备如表 11-2 所示。

表 11-2 实验主要仪器设备

设备	型号	产地
电热恒温干燥箱	202A-0	杭州蓝天化验仪器厂
电阻炉温度控制器	6-13	杭州蓝天化验仪器厂
箱式电阻炉	SX_2-6-13	杭州蓝天化验仪器厂
手盘冲床(压力机)	4-10	上海申康机床有限公司
单管电阻炉	SK_2-4-10	杭州蓝天化验仪器厂

【实验方法】

先取三个陶瓷杯洗净、烘干,分别放入 Y_2O_3、$BaCO_3$ 和 CuO 再次烘干,例:称量 Y_2O_3(分析纯 99.99%)1.693 5 g、$BaCO_3$(分析纯 99%)5.920 2 g

和 CuO（分析纯 99%）3.579 5 g，使其各金属的原子计量比 Y∶Ba∶Cu 为 1∶2∶3，将其粉末混合并在研钵中研磨。然后，转移到氧化铝坩埚内，坩埚置于高温炉中，在空气中以 5℃/min 的速率升温至大约 900℃，焙烧 10~15 h。其后，以 5℃/min 的降温速率将样品冷至室温，将焙烧后的粉末样品研磨，用压力机将其压成 ϕ15 mm × 1.5 mm 圆柱状。移入管形高温炉以 5℃/min 的速率在氧气气氛下升温至 900℃~950℃ 并烧结 20~25 h，然后以 1~2℃/min 的降温速率降至室温，即可获得具有超导性的材料 $YBa_2Cu_3O_{7-\delta}$。为使 δ 值变小（约至 0）而提高超导性能，合成的样品还需在 450℃ 的氧气气氛中退火（annealing）10~15 h。

制得样品：$YBa_2Cu_3O_{7-\delta}$。

掺杂的 YBCO 的实验流程、实验原理和实验过程相同于制备 YBCO 的一般步骤，这里的样品为：$SmCO_3$（分析纯 99%）2.214 4 g、$BaCO_3$（分析纯 99%）5.922 2 g、CuO（分析纯 99%）3.579 5 g。

制得样品：$SmBa_2Cu_3O_{7-\delta}$。

发生的化学反应：$SmCO_3 + CuO + BaCO_3 \longrightarrow SmBa_2Cu_3O_7$

用固相反应法，控制各金属的原子计量比来掺混各成分，通过烘干、称量、研磨、焙烧、再研磨、压片、烧结等工序，可以制备 123 相 YBCO 及其掺杂的系列超导材料。

实验 12

功能材料测试实验

【实验目的】

对所制备出的功能材料,如 $YBa_2Cu_3O7-\delta$(YBCO)及其掺杂的超导材料或自主设计制备出的热电材料、磁阻材料、PTC 材料、高介电常数材料等进行系列电学性质的物性测试。

【实验原理】

超导体的许多特性,其中最主要的电磁性质是零电阻现象。当把某种金属或合金冷却到某一确定温度 T_c 以下,其直流电阻突然降到零,把这种在低温下发生的零电阻现象称为物质的超导性,具有超导电性的材料称为超导体。电阻突然消失的某一确定温度 T_c 叫做超导体的临界温度。在 T_c 以上,超导体和正常金属都具有有限的电阻值,这种超导体处于正常态。由正常态向超导态的过渡是在一个有限的温度间隔里完成的,即有一个转变宽度 ΔT_c,它取决于材料的纯度和晶格的完整性。理想样品的 $\Delta T \leq 10^{-3}$ K。基于这种电阻变化,可以通过电测量来确定 T_c,通常是把样品的电阻降到转变前正常态电阻值一半时的温度定义为超导体的临界温度 T_c。

超导体的零电阻特性在实验上是很难观察的,一个观测的最好办法是超导环中持续电流实验。它是将一超导环先置于磁场中,然后冷却使之转变为超导态,然后撤去外场,这时在超导态的环中感生出一电流:

$$I(t) = I(0) \exp(-t/\tau)$$

式中,$\tau = L/R$ 是电流衰减时间常数,L 是环的自感,R 为电阻。对于正常金属 τ 值很少,环内电流很快衰减为零;对超导环则情况不同,电流衰减非常慢。这一衰减可通过精密的核磁共振方法来测量超导电流形成的磁场的微小变化,从而推出衰减时间。在 Nb0.75Zr0.25 超导环中得到的结果是衰减时间大于 10 万年,因此可以看成零电阻。

在实验中,基于零电阻特性用电测法测量超导转变温度 T_c,从而对零电阻现象有一感性认识。具体做法是使样品通一恒定电流,测量其阻值随温度变化，当温度降到 T_c 时阻值突然降到仪器分辨率不能检测的情况，从而定出 T_c。

【实验装置】

（1）Keithley 2400 型数字源表：专门设计用于要求有精密电压和电流产生与测量的测试应用。综合了回读功能的精密、低噪声、高度稳定的 DC 电源以及低噪声、高重复性、高阻抗 51/2 数字万用表，结果成为小型、单通道、DC 参数测试仪。在操作中，这些仪表可以作为电压源、电流源、电压表、电流表以及欧姆表。仪表适合进行大范围的 DC 测量，包括在给定电流或电压下的电阻、击穿电压、漏电流、绝缘阻抗以及半导体特性曲线。在本实验中，将主要作为精密电流源使用。

（2）Keithley 2182 型纳伏电压表：设计用于大范围的 DC 测量、交流测量等。具有高精度、低噪声、高速度、双频道和回读功能，在操作中，仪表可以用来测量电压和温度。在本实验中，主要利用其测量电压的功能，获得电压的精确读数，可以精确到小数点后 9 位。

（3）321 型测温控温仪：面板可显示样品温度，对测试温度进行控制。

（4）120CS 型电流源：在测试过程中给样品加热，绘制样品升温曲线。

（5）TESTPOINT 软件：可以编程来测样品的 $I-V$ 曲线、$R-T$ 曲线等。

（6）YD2817 型宽频 LCR 数字电桥：是一种高精度、宽测试范围的测量仪器，由液晶屏显示，全中文菜单，可测试电感 L、电容 C、阻抗 Z、损耗 D、品质因素 Q、等效电阻 R。在本实验中，可用于测量样品的电容 C。

（7）GM5W 制冷机：采用绝热放气制冷，以氦气为工质，两极制冷，有压缩机单元和膨胀机单元两部分组成，压缩机的作用是连续提供高压氦气给膨胀机。膨胀机的作用是把压缩机提供的高压气体在绝热放气情况下产生冷效应，从而积蓄冷量。

（8）氦压缩机：用于 E203，E205 制冷机系统，为膨胀机提供高压纯净的氦气源，并使之循环使用。

（9）电阻真空计：利用热传导原理工作，具有测量范围宽、响应快、重复性好、测量稳定可靠、抗干扰能力强等优点，特别适合于粗低真空的测量。

（10）直联旋片真空泵：用来对密封容器抽除气体的基本设备。

【实验步骤】

1. $I-V$ 曲线的测量

在不同温度下测量试样 $I-V$ 曲线，可知在该温度时超导样品是否呈现金属性、是否为绝缘体等；若连续测量温度值间隔相同的 $I-V$ 曲线，可以根据在某温度下 $I-V$ 曲线发生变化来判断材料将发生超导转变的温度区间，然后在此区间内再利用逐渐逼近的方法（即缩小温度值间隔）就可以较准确地得到超导零电阻温度。

打开真空泵抽除制冷机中的气体，同时打开氦压缩机对制冷机中的试样进行降温。观察测温控温仪，当温度降到所需值时，开启 Keithley2400 型数字源表和 Keithley2182 型纳伏电压表。此处 2400 型数字源表是作为恒流源使用，TESTPOINT 软件将纳伏电压表的电压值采集到计算机中，即可得到试样 $I-V$ 曲线。

2400 型数字源表的使用：打开电源开关，按下 SOURCE I + MEASV 后，进入数据编辑；将光标停在 Isrc 处，用按键 RANGE ▼ 查看其下限范围，按下 MENU 键使 source 值清零；然后进入编辑，即键入所需电流值的大小，比如 0.1 A；用按键 RANGE ▲▼ 可改变数值小数点的位置；按回车进行确认；将光标停在 compliancelever 处，用按键 RANGE ▲▼ 查看 Cmpl 的范围，键入 compliance 数值，按回车进行确认。设置好以后，按下输出键即可。

打开 TESTPOINT 软件可看到采集到的电流值和电压值显示，并可画出 $I-V$ 曲线图。

2. $R-T$ 曲线的测量

本曲线测量的目的是测量超导材料的转变温度 T_c。由于超导材料在超导状态时电阻为零，因此我们可用检测其电阻随温度变化的方法来判定其转变温度。实验中要测电阻及温度两个量。由于电流恒定，电压信号的变化即是电阻的变化。降温过程及调节恒流源步骤同 $I-V$ 曲线测量过程，这时 TESTPOINT 软件的编程为用来测量 $R-T$ 曲线的程序。随着降温的进行，计算机实时记录样品的超导转变曲线。升温过程可用 120CS 型电流源给样品加热，计算机绘制样品升温曲线。由测得的 $R-T$ 曲线即可确定转变温度 T_c。该套实验设备较过去使用的高温超导转变温度测定仪更准确，温度可降得更低，TESTPOINT 软件开发后还可进行超导电性的相关其他输出特性的研究，更有利于进行实验教学和进行科研工作。

3. 用智能 LCR 测量仪对试样进行 $X-T$ 曲线的测试

按下 Power 键后：

（1）按面板上"菜单"一次，可选择（用▲▼）主、副参数，按开始可退出主副参数的选择。

（2）按面板上"状态"一次，进入测试方式、分选方式、分选讯响、平均次数。（按"进入"进行选择，按"开始"可退出选择。）

测试方式分为连续和单次两种。其中连续为仪器每次输出的平均后的测量结果，单次为仪器收到开始信号后，每次测量是将开始后多次测量结果平均后输出显示，最后输出所有测量的平均值；平均的功能可以降低由于噪声对读数稳定性变差的影响。

分选方式分为直读、绝对偏差 Δ、相对偏差 $\Delta\%$。直读为直接读出被测件的参数；绝对偏差为读出值与标称值的差值；相对偏差为读出值与标称值的百分比偏差。故选择绝对偏差 Δ、相对偏差 $\Delta\%$ 方式时要预先设定标称值。

分选讯响：主要应用于挑选符合某种规格的样品。如在副参数和挡极限设定后设置好挡值，若样品符合某一挡极限，则某挡的讯响发出叫声并显示灯亮，这样可快速地进行某一规格样品的挑选。若只是测量样品参数，如在本实验中可认为无须设置该功能。

平均次数：1~20，平均次数多，速度慢。

（3）按面板上"状态"两次，进行清零。

测量 C 参数时进行开路清零，L、R 参数时进行短路清零，但必须短路板。建议在"测量电平""测试速度""测量频率"更换测试夹具或引线及更换环境温度、湿度等条件变化后重新进行清零。清零的目的是清除测量夹具或测量导线及仪器内部的杂散电容、电感及引线电阻、电感对测量准确度的影响。

（4）按面板上"状态"三次：

a）◀▶调整小数点位置。

b）按"进入"，数字位闪烁，▲▼用来设置当前闪烁位的值，◀▶用来移动闪烁位，再按"进入"进行单位的调整。

（5）按面板上"状态"三次，进入标称值设定。

【实验内容】

（1）用小型制冷机对试样进行降温。

（2）用 Keithley2182 型纳伏电压表和用 Keithley2400 型数字源表对试样进行 $I-V$ 曲线和 $R-T$ 曲线的测试。

（3）用智能 LCR 测量仪对试样进行 $X-T$ 曲线的测试。

（4）用计算机进行数据的采集和处理。

【注意事项】

（1）小型制冷机，Keithley2182 型纳伏电压表，Keithley2400 型数字源表，智能 LCR 测量仪均属精密贵重仪器，应严格按程序进行操作，不允许随便乱动。

（2）特别注意：测量过程中小型制冷机的冷却水不能停，测量结束半小时后，才可关冷却水。

实验 13

X 射线发射谱实验

1895 年德国科学家伦琴（W. C. Roentgen）研究阴极射线管时，发现了 X 线，是人类揭开研究微观世界序幕的"三大发现"之一。X 光管的制成，则被誉为人造光源史上的第二次革命。

现在，X 射线在各种产业，科研等有着广泛和重要的应用。工业上用于非破坏性材料的检查，如 X 射线探伤；在基础科学和应用科学领域内，被广泛用于晶体结构分析及通过 X 射线光谱和 X 射线吸收进行化学分析和原子结构的研究；医学上用来帮助人们进行医学诊断和治疗，如 CT 检查；等等。有关的实验非常丰富，其内容十分广泛而深刻。本实验采用德国莱宝教具公司的 X 射线实验仪 55481 及其附件，可做一系列 X 射线的有趣实验，但由于时间限制，我们主要选做其中两个实验：X 射线单晶衍射与钼金属特征谱的测量，杜红 - 昆特（Duane-Hunt）关系和普朗克常数 h 的测定。

【实验目的】

（1）加深对 X 射线单晶衍射、布拉格反射与 X 发射谱特点的理解。

（2）利用 NaCl 单晶的布拉格反射，测出钼 Mo 靶的 X 射线特征谱 K_α、K_β 波长，测定 X 射线最短波长 λ_{min} 与 X 光管电压 U 的杜红 - 昆特关系（Duane-Huntrelation）与普朗克常数 h。

（3）学会使用德国莱宝教具公司的 55481 型 X 射线仪与有关的测量软件 X-Ray Apparatus。

【实验原理】

1. X 射线一般特征

X 射线是一种波长很短的电磁辐射，其波长为 10 nm ~ 10^{-2} nm 之间。具有很强的穿透本领，能透过许多对可见光不透明的物质，如纸、木料、人体等。这种肉眼看不见的射线经过物质时会产生许多效应，如能使很多固体材料发生荧光，使照相底片感光以及使空气电离等。波长越短的 X 射线能量越大，叫做硬 X 射线，波长长的 X 射线能量较低，称为软 X 射线。当在真空中，高速运动的电子轰击金属靶时，靶就放出 X 射线，这就是 X 射线管的结构原理。X 射线发射谱分为两类：①连续光谱，由高速入射电子的韧致辐射引起的；②特征光谱，一种不连续的线状光谱，是原子中最靠内层的电子跃迁时发出来的。连续光谱的性质和靶材料无关，而特征光谱和靶材料有关，不同的材料有不同的特征光谱，这就是称之为"特征"的原因。X 射线是电磁波，能产生干涉、衍射等现象。

2. 单晶 NaCl 的布拉格反射

X 射线经过晶体会发生衍射，这种衍射现象可简化为晶面上反射，称为布拉格反射。

NaCl 晶体结构如图 13 - 1 所示。

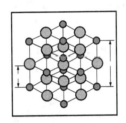

图 13 - 1　NaCl 晶体结构图

布拉格反射原理如图 13 - 2、图 13 - 3 所示。

根据衍射条件，得布拉格公式为：

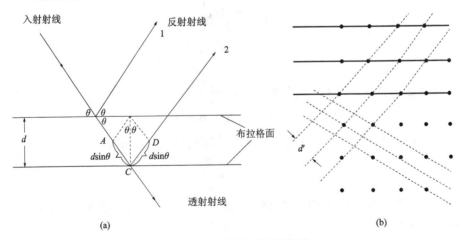

图 13 - 2　布拉格反射原理图
（a）布拉格公式的推导；（b）晶体中不同方向的平行面

$2d\sin\theta = n\lambda$，$n = 1, 2, \cdots$，其中，d 是相邻两晶面间的距离，λ 是入射 X 射线的波长，θ 是掠射角，即入射 X 射线与晶面之间的夹角，是入射线与反射线夹角的一半。n 是一个整数，为衍射级次。

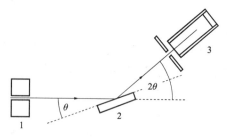

图 13-3　NaCl 晶体布拉格反射原理图

NaCl 晶体界面就是晶面，与此晶面对应的晶面间隔 d 已知，为 $d = 282.01$ pm，若实验上测出掠射角 θ 与衍射级次 n，就可以利用布拉格公式求出钼靶的 X 射线的波长。

3. 杜红-昆特关系（Duane-Huntrelation）与普朗克常数 h 的测定

杜红-昆特关系是指 X 射线最短波长 λ_{min} 与 X 光管电压 U 的反比关系：

$$\lambda_{min} = \frac{hc}{e} \cdot \frac{1}{U}$$

最短波长 λ_{min} 的位置如图 13-4 所示。

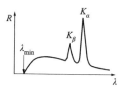

图 13-4　最短波长 λ_{min} 的位置

测定普朗克常数 h，要先求出 $\lambda_{最小}$ 与 $1/U$ 的比值：$A = \frac{hc}{e}$，其中，光速 $c = 2.9979 \times 10^8$ m$\cdot$s^{-1}，电子电荷 $e = 1.6022 \times 10^{-19}$ C。

实验上测出 A，就可以利用 c、e 数值求出普朗克常数 h。

【实验仪器】

1. 本实验使用的是德国莱宝教具公司生产的 X 射线实验仪 55481 型，如图 13-5 所示

它的正面装有两扇铅玻璃门，既可看清楚 X 光管和实验装置的工作状况，又保证人身不受到 X 射线的危害，要打开这两扇铅玻璃门中的任一扇，必须先按下 A_0，此时 X 光管上的高压立即断开，保证了人身安全。

该装置分为三个工作区：中间是 X 光管，右边是实验区，左边是监控区。X 光管的结构如图 13-6 所示。

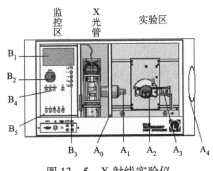
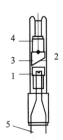

图 13-5 X 射线实验仪   图 13-6 X 光管的结构图

X 光管是一个抽成高真空的石英管，其下面 1 是接地的电子发射极，通电加热后可发射电子；上面 2 是钼靶，工作时加以几万伏的高压。电子在高压作用下轰击钼原子而产生 X 线，钼靶受电子轰击的面呈斜面，以利于 X 射线向水平方向射出；3 是铜块，4 是螺旋状热沉，用以散热；5 是管脚。

右边的实验区可安排各种实验（见图 13-5）。

A_1 是 X 线的出口，做 X 线衍射实验时，要在它上面加一个光阑（光缝）或称准直器，使出射的 X 线成为一个近似的细光束。

A_2 是安放晶体样品的靶台，安装样品的方法如图 13-7 所示：

① 把样品（平块晶体）轻轻放在靶台上，向前推到底。

② 将靶台轻轻向上抬起，使样品被支架上的凸楞压住。

③ 顺时针方向轻轻转动锁定杆，使靶台被锁定。

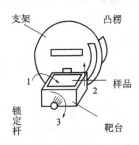

图 13-7 测角器的靶台

A_3 是装有 G-M 计数管的传感器，它用来探测 X 线的强度。G-M 计数管是一种用来测量 X 射线的强度的探测器，其计数 N 与所测 X 射线的强度成正比。由于本装置的 X 射线强度不大，因此计数管的计数值较低，计数值的相对不确定度较大（根据放射性的统计规律，射线的强度为 $N \pm \sqrt{N}$，故计数 N 越大相对不确定度越小）；延长计数管每次测量的持续时间，从而增大总强度计数 N，有利于减少计数的相对不确定度。

A_2 和 A_3 都可以转动，并可通过测角器分别测出它们的转角。

A_4 是荧光屏，它是一块表面涂有荧光物质的圆形铅玻璃平板，平时外面有一块盖板遮住，以免环境光线太亮而损害荧光物质；让 X 射线打在荧光屏上，打开盖板，即可在荧光屏的右侧外面直接看到 X 线的荧光，但因荧光较弱，此观察应在暗室中进行。

左边的监控区包括电源和各种控制装置。

B_1 是液晶显示区，它分上下两行，通常情况下，上行显示 G–M 计数管的计数率 N（正比于 X 线光强 R），下行显示工作参数。

B_2 是个大转盘，各参数都由它来调节和设置。

B_3 有五个设置按键，由它确定 B_2 所调节和设置的对象。这五个按键是：

U——设置 X 光管上所加的高压值（0.0～35 kV）；

I——设置 X 光管内的电流值（0.0～1.0 mA）；

Δt——设置每次测量的持续时间（1～999 9 s）；

$\Delta\beta$——设置自动测量时测角器每次转动的角度，即角步幅（通常取 0.1°）；

β-LIMIT——在选定扫描模式后，设置自动测量时测角器的扫描范围，即上限角与下限角。（第一次按此键时，显示器上出现"↓"符号，此时利用 B_2 选择下限角；第二次按此键时，显示器上出现"↑"符号，此时利用 B_2 选择上限角。）

B_4 有三个扫描模式选择按键和一个归零按键。三个扫描模式按键是：

SENSOR——传感器扫描模式，即只调图 13–7 中部件 3 的角度模式。按下此键时，可利用 B_2 手动旋转传感器的角位置，也可用 β-LIMIT 设置自动扫描时传感器的上限角和下限角，显示器的下行此时显示传感器的转动位置；

TARGET——靶台扫描模式，即只调图 13–7 中部件 2 的角度模式。按下此键时，可利用 B_2 手动旋转靶台的位置，也可 β-LIMIT 设置自动扫描时传感器的上限角和下限角，显示器的下行此时显示靶台的转动位置；

COUPLED——耦合扫描模式，按下此键时，可利用 B_2 手动同时旋转靶台和传感器的角位置，要求传感器的转角自动保持为靶台转角的 2 倍（图 13–7），而显示器 B_1 的下行此时显示靶台的角位置，也可用 β-LIMIT 设置自动扫描时传感器的上限角和下限角。

归零按键是 ZERO——按下此键后，靶台和传感器都回到 0 位。

B_5 有五个操作键，它们是：

RESET——按下此键，靶台和传感器都回到测量系统的 0 位置，所有参数都回到缺省值，X 光管的高压断开；

REPLAY——按下此键,仪器会把最后的测量数据再次输出至计算机或记录仪上;

SCAN（NO/OFF）——此键是整个测量系统的开关键,按下此键,在 X 光管上就加了高压,测角器开始自动扫描,所得数据会被储存起来（若开启了计算机的相关程序,则所得数据自动输出至计算机）;

◁——此键是声脉冲开关,本实验不必用到它;

HV（ON/OFF）——此键开关 X 光管上的高压,它上面的指示灯闪烁时,表示已加了高压。

2. X-ray Apparatus 软件

软件"X-ray Apparatus"的界面如图 13 - 8 所示。

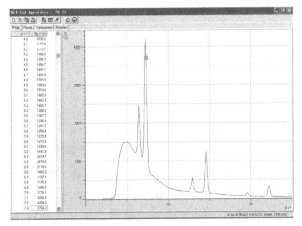

图 13 - 8　X-ray Apparatus 的工作界面一个典型的测量结果画面

X-ray Apparatus 软件具有标题栏、菜单栏和工作区域。在菜单栏中。从左到右分别是：Delete Measurement or Settings（删除测量或设置）、Open Measurement（调用测量文件）、Save Measurement As（存储测量结果）、Print Diagram（打印）、Settings（设置）、Large Display & Status Line（wgkq 状态行信息以大字显示）、显示 X 射线装置参数设置信息、Help（帮助信息）、About（显示版本信息）。工作区域的左侧是所采集的数据列表,右侧是与这些数据相应的图。

数据采集是自动的,当在 X 射线装置中按下"SCAN"键进行自动扫描时,软件将自动采集数据和显示结果：工作区域左边显靶台的角位置 β 和传感器中接收到的 X 光光强 R 的数据;而右边则将此数据作图,其纵坐标为 X 光光强 R（单位是 1/s）,横坐标为靶台的转角（单位是°）,如图 13 - 8 所示。

若需对参数进行设置,可单击"Settings"按钮,这时将显示如图 13 - 9 所示的"Settings"对话框。

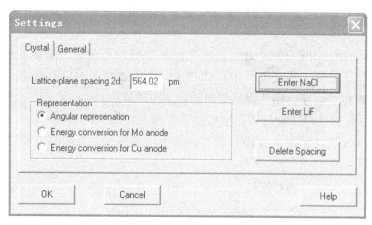

图 13-9　Settings 对话框

其中有两个选项卡：Crystal 和 General。

General 选项卡：用于设置连接计算机的串口地址和语言（一般为 COM1 和 English），单击"Save New Paramenters"按钮将新设置存储为系统的缺省值。

Crystal 选项卡：用于设置晶体的参数，如单击"Enter NaCl"和"Enter LiF"按钮将输入 NaCl 或 LiF 晶体的晶面间隔值，此时所画出图的横坐标将转换成波长坐标，要删除已输入晶面间隔数值，可单击"Delete Spacing"按钮。若选中"Energy Conversion for Mo anode"复选框，可将所画出图的横坐标转换成能量坐标，这时将得到一幅 X 射线的能级谱图，在连续能谱上叠加有特征 X 射线线谱。

在"X-ray Apparatus"软件中，用鼠标右击作图区域将显示快捷菜单。在本实验中常用的功能有：Zoom（放大）、Zoom Off（缩小）、Set Marker（标记）、Text（文本）、Vertical Line（垂直线）、Measure Difference（测量误差）、Calculate Peak Center（计算峰中心）、Calculate Best-fit Straight Line（计算最适合的直线）、Calculate Straight Line Through Origin（计算通过原点的直线）、Delete Last Evaluations（删除最近一次计算）、Delete All Evaluations（删除所有计算）。

例如我们用"Zoom"功能，通过鼠标拖拉来放大所需处理的区域。使用"Set Marker"菜单的"Vertical Line"命令在峰中心位置单击，将一条竖直直线定位于峰中心，并在状态栏读出峰中心的横坐标值。也可使用"Calculate Peak Center"命令，用鼠标在峰的左侧单击并拖动到峰的右侧，这时将自动在峰中心位置出现一条竖线，并可在状态栏读出峰中心的数值。如果发现操作有误，可以双击或使用"Delete Last Evaluations"命令来取消该操作。

可以使用"Set Marker"菜单的"Text"命令，在图上标记文字。如果刚进行峰的定位，使用该命令时所出现的文本框内包含有状态栏上的数值，进行修改后单击"OK"按钮，并用鼠标拖动到所需位置后松手，即可将文字信息标记在这个位置上，当然也可以使用这个功能将自己的信息标记在图上，如名字、学号、实验日期和时间等。最后单击菜单栏上的"Print Diagram"按钮，即可把图打印出来。

【实验内容】

（1）装好样品 NaCl 晶体。

按图 13-10 所示安装实验仪器，将样品 NaCl 晶体装在测角仪的靶台上，使靶台上 NaCl 晶体中线和直准器间的距离为 5 cm，和传感器的距离为 6 cm。

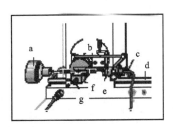

图 13-10　X 射线的实验装置

（2）学会 55481X 射线仪与软件 X-ray Apparatus 的正确使用。

（3）测出钼靶的二条特征谱线 K_α、K_β 的波长 λ_{K_α}、λ_{K_β}。

① 启动软件"X-ray Apparatus"按 🗋 或 F4 键清屏；

② 设置 X 光管的高压 $U = 35.0$ kV，电流 $I = 1.00$ mA 测量时间 $\Delta t = 3$ s，角步幅 $\Delta\beta = 0.1°$，按 COUPLED 键，再按 β 键，设置下限角为 $2.0°$，上限角为 $25°$；按 SCAN 键进行自动扫描；电脑屏幕上出现的衍射曲线如图 13-11 所示。扫描完毕后，按 🖫 或 F2 键存储好文件，并将衍射曲线打印出来。

③ 实验结果处理。

利用衍射曲线（图 13-11）与软件 X-ray Apparatus，将钼靶的二条特征谱线 K_α、K_β 对应的 θ 角与衍射级次 n 记在表 13-1 上。已知晶体的晶格常数为 $2d = a_0 = 564.02$ pm，用布拉格公式计算出钼靶的 K_α、K_β 波长 λ_{K_α}、λ_{K_β}，也记在表 13-1 上。然后求出波长 λ_{K_α}、λ_{K_β} 的平均值，写在表 13-2 上，并与文献上准确值比较，求出它们的相对误差。

表 13-1　数据记录表

n	ϑ (K_α)	ϑ (K_β)	λ (K_α)	λ (K_β)
1				
2				
3				

表 13-2　数据计算表

	λ (K_α) /pm	λ (K_β) /pm
平均值		
文献上准确值	71.08	63.09

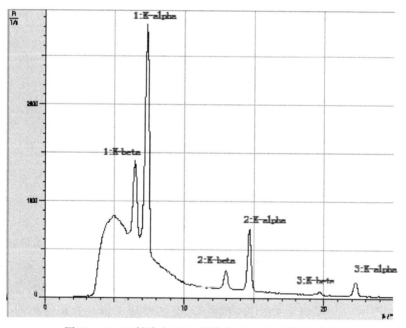

图 13-11　X 射线在 NaCl 晶体中的 3 级衍射的角度谱

(4) 杜红-昆特（Duane-Hunt）关系和普朗克常数 h 的测定

① 杜红-昆特关系（Duane-Huntrelation）

主要测定 X 射线最短波长 λ_{min} 与 X 光管电压 U 的反比关系：

$$\lambda_{min} = \frac{hc}{e} \cdot \frac{1}{U} = A\frac{1}{U}, \quad A = hc/e \text{ 为比例系数。}$$

实验时，管压分别为 U = 22 kV，24 kV，26 kV，28 kV，30 kV，32 kV，34 kV，35 kV，记录下对应的钼发射连续谱曲线图，如图 13-12 所示。不同

电压下的管流 I，扫描时间 Δt，β 角的上、下限，角步长 $\Delta \beta$ 的设置见表 13 -3。图 13 - 12 的曲线图完成后，利用 X-ray Apparatus 软件，选择 "Best-fit Straight Line" 键，画一条最佳直线，确定每个电压值对应的 λ_{min} 值（图 13 - 12）；再按下 Plank 键（图 13 - 13），选择 "Caculate Straightt Line Through Origin"，画一条通过原点的直线，显示出 $\lambda_{最小}$ 与 $1/U$ 成正比关系，即：

$$\lambda_{min} = A \frac{1}{U},$$

并在左下角栏上会自动显示出比例系数 A 值。

表 13 - 3 参数设置表

U/kV	I/mA	Δt/s	β_{min}	β_{max}	$\Delta \beta$
22	1.00	9	5.2	6.2	0.1
24	1.00	9	5.0	6.2	0.1
26	1.00	6	4.5	6.2	0.1
28	1.00	6	3.8	6.0	0.1
30	1.00	6	3.2	6.0	0.1
32	1.00	3	2.5	6.0	0.1
34	1.00	3	2.5	6.0	0.1
35	1.00	3	2.5	6.0	0.1

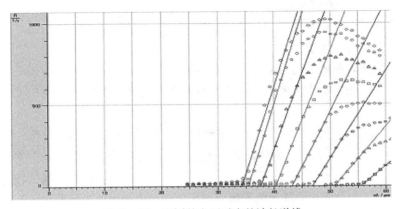

图 13 - 12 不同的电压对应的波长谱线

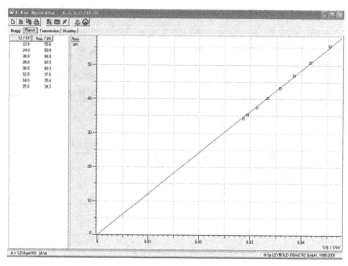

图 13-13 测定普朗克常数

② 计算普朗克常数 h

利用图 13-13 中的 A 值，由公式：$A = hc/e$，就可以求出普朗克常数 h。与理论上的普朗克常数：$h = 6.626 \times 10^{-34}$ 比较，可得它的相对误差。

【注意事项】

（1）本实验仪器有铅玻璃门，又有自动保护装置（即铅玻璃门一打开，X 光管自动关闭），实验进行时是安全的，但要注意一切实验应在铅玻璃门关闭下进行。

（2）本实验使用的 NaCl 晶体或 LiF 晶体都是价格昂贵而易碎、易潮解的娇嫩材料，要注意保护：

① 平时要放在干燥器中；

② 使用时要用手套；

③ 只接触晶体片的边缘，不碰它的表面；

④ 不要使它受到大的压力（用夹具时不要夹得太紧）；

⑤ 不要掉落地上。

（3）使用测角器测量时，光缝到靶台和靶台到传感器的距离一般可取 5~6 cm，此距离太大，会使计数率太低；此距离太小，会降低角分辨本领。

（4）由于 X 光管温度很高，寿命有限，当不进行实验或数据处理时，应及时关掉仪器，延长仪器使用寿命。

实验 14

全息平面光栅制作

【实验目的】

（1）掌握空间频率较低的全息平面光栅的制作方法。

（2）学会在全息台上光学元件的共轴调节技术、扩束与准直的基本方法，熟练地获得和检验平行光。

（3）用几何光学和物理光学方法测定全息光栅的光栅常数。

【仪器及用具】

光学平台（全息台），He-Ne 激光器，定时器，快门，50%分束镜，平面镜，全息干板，像屏，底片夹，透镜，显定影用具，读数显微镜等。

【实验原理】

全息光栅是用全息照相的方法制作的一种分光元件。与用普通方法制作的刻划光栅和复制光栅相比，全息光栅没有周期性误差，杂散光少，分辨率和衍射效率高，对制作的环境条件要求较低，因而其应用越来越广泛。

两列同频率的相干平面光波以一定夹角相交时，在两光束重叠区域将产生干涉现象。如图 14-1（a）所示，在 $z=0$ 的 xy 平面（该平面垂直于纸面）上将接收到一组平行于 y 轴的明暗相间的直条纹，其光强分布和条纹间距分别为

$$I = 2I_0 \left[1 + \cos \frac{2\pi}{\lambda} x \, (\sin\theta_1 - \sin\theta_2) \right] \quad (14-1)$$

$$d = \frac{\lambda}{\sin\theta_1 - \sin\theta_2} = \frac{1}{2\sin\frac{1}{2}(\theta_1 + \theta_2)\cos\frac{1}{2}(\theta_1 - \theta_2)} \quad (14-2)$$

式中，θ_1、θ_2 分别为两束相干光与 xy 平面的法线夹角，$\theta_1 + \theta_2 = \theta$ 为两束光的会聚角。当两束光对称入射即 $\theta_1 = \theta_2 = \frac{\theta}{2}$ 时，有

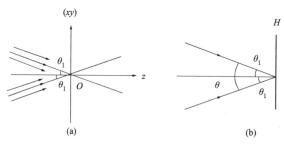

图 14-1 实验原理图

$$d = \frac{\lambda}{2\sin\frac{\theta}{2}} \quad (14-3)$$

令 ν 为干涉条纹的空间频率，则

$$\nu = \frac{1}{d} = \frac{2\sin(\theta/2)}{\lambda} \quad (14-4)$$

如果在 $z=0$ 处平行于 xy 平面放置一块全息干板 H，见图 14-1（b），则经曝光、显影、定影等处理后，即可获得一张全息光栅。当空间频率 ν 比较小时，称之为低频全息光栅。

【实验方法】

本实验采用马赫-曾特尔干涉仪光路，如图 14-2 所示。它主要是由两块 50% 的分束器 BS_1、BS_2 和两块全反射镜 M_1、M_2 组成。四个反射面互相平行，中心光路构成一个平行四边形。扩束镜 C 和准直透镜 L 共焦以后产生平行光，平行光射到 BS_1 上分成两束，这两束光经 M_1、M_2 反射后在 BS_2 上相遇发生干涉，在 BS_2 后面的观察屏 P 上可观察到干涉条纹。如果条纹太细可用读数显微镜来观察。

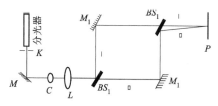

图 14-2 实验光路图

1. 平行光的产生和检验

平行光由扩束镜 C 和准直镜 L 产生，C、L 两者构成一个倒装望远镜，其作用一是扩束，二是压缩激光的发散角。

（1）扩束镜的调节。让激光细束通过屏上小孔，屏后适当的位置上放置有十字刻度尺的白屏，调节白屏位置使激光束射到十字刻度的中心点上。扩束镜置于孔屏和白屏之间适当位置，调节扩束镜的各微调旋钮，使扩束镜反射回来的自准直像点刚好进入孔屏小孔，而扩束后的光斑成为一个以白屏中心点为中心的平滑高斯型光斑。

（2）准直镜的调节。在调好的扩束镜后放入准直镜，准直镜距扩束镜的距离约为二者焦距之和。然后用平行平晶调整出射平行光到最佳状态。具体采用剪切法检查光束的不平行度（见附录Ⅴ）。将被测光束倾斜投射到平晶上，观察平晶两表面反射光重合部分的干射条纹，沿光轴方向移动准直镜，使干涉条纹最宽或成均匀视场为止。此时从准直镜出射的光为平行光束。

2. 两光束夹角大小的测定

由式（14-3）可看出，干涉条纹的间距 d 是由两光束的会聚角 θ 决定的。改变会聚角 θ 便可获得不同光栅常数的光栅。当 θ 比较小时，$d \approx \lambda/\theta$，$\nu \approx \theta/\lambda$，因此，只要测出 θ，便可估算光栅的空间频率。具体办法是将透镜 L_0 放在两光束重叠区，则两光束在 L_0 的后焦面上会聚成两个亮点，如图 14-3 所示。若两亮点间的距离为 x_0，透镜焦距为 f，则两光束的会聚角 θ 可表示为 $\theta = x_0/f$，光栅的空间频率为：

$$\nu = \frac{x_0}{f\lambda} \tag{14-5}$$

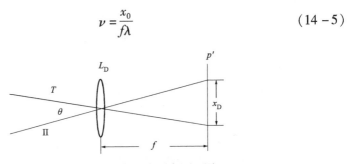

图 14-3 两光束夹角大小测定原理图

【实验内容】

（1）调节激光光束平行于工作台面，用自准直法调整各光学元件表面与激光束主线垂直。

（2）按图 14-2 光路依次加入光学元件，调整好马赫-曾特尔干涉仪光路，使两光束到达 P 屏的光程相等。调 M_1 和 BS_2 使两光束在 P 屏处重合。

（3）调扩束镜和准直透镜使之产生平行光。

（4）实验要求制作（制作方法见附录Ⅵ）$\nu = 100/\text{mm}$ 和 $\nu = 20/\text{mm}$ 光栅各一块，按要求预先计算出两光束在透镜 L_0 的后焦面上形成的两亮点间的距离 x_0。

(5) 屏 P 处放入透镜 L_0，使其与光束 I 共轴。然后调整 BS_2 的方位，使两个亮点沿水平方向拉开到预定距离 x_0。x_0 可用钢尺或读数显微镜测量。

(6) 撤去透镜 L_0，关闭光开关，将全息干板置于 P 屏处，稳定数十秒钟后进行曝光。经显影、定影、水洗干燥后得到全息光栅。

(7) 用几何光学和物理光学方法测出自制全息光栅的空间频率，并与设计值比较。

实验 15

分光光度计

【实验目的】

(1) 了解 Lambert-Beer 定律。
(2) 熟悉光栅分光光度计的使用。
(3) 掌握使用分光光度计测量透过率、吸光度和物质浓度的方法。
(4) 了解半导体光催化的基本原理,掌握利用分光光度计研究光催化降解过程的实验方法。

【实验仪器及试剂】

722 型光栅分光光度计;JA21002 电子天平;500 mL 容量瓶 1 个;烧杯 (100 mL) 2 个;玻璃棒;染色剂罗丹明 B (Rhodamine B);蒸馏水;紫外灯;二氧化钛薄膜样品;5 mL 移液管 1 支;吸耳球 1 个。

【实验原理】

1. 物质对辐射的透射和吸收

物质是由分子、原子组成的。当电磁辐射通过介质时,辐射的电场会引起介质微粒的价电子相对原子核振动。当辐射不被吸收时,辐射能量只能瞬时保留在微粒处,在物质回到原状态时毫无改变地发射出去,没有能量大小变化,只是传播速度由于上述过程而有所减慢,这就是透射。当电磁辐射通过介质时,其中某些频率的电磁波能量满足物质粒子的量子化能级(即满足 $h\nu = \triangle E = E_2 - E_1$),就会被物质的粒子吸收,物质微粒本身能量状态发生变化,这就是吸收。

为定量的描绘有色溶液对光的选择性吸收,可用溶液的光吸收曲线来定量描述。所谓光吸收曲线,就是测量物质对不同波长单色光的吸收程度,以波长为横坐标,吸光度为纵坐标作图所得的一条曲线。光吸收的最大波长称为最大吸收波长。对于同种溶液不同浓度时,光吸收曲线的形状一样,其最大吸收波长不变,只是随浓度不同,相应的吸光度不同。例如图 15 - 1 所示为不同浓度的罗丹明 B 溶液吸光曲线。

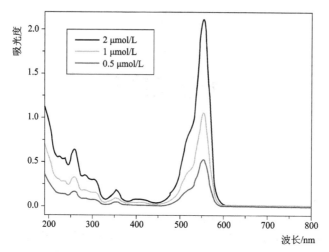

图 15-1　不同浓度的罗丹明 B 溶液吸光曲线

2. 光吸收定律——比耳定律

物质分子对光的吸收作用即为分子俘获光子的过程，既与分子内部能级结构有关又与分子同光子的碰撞概率有关。如图 15-2 所示，光通过液层厚度为 L 的吸收溶液的情形。当一束强度为 I_0 的平行单色光垂直射入界面积为 S、长度为 L 的一块各向同性的均匀吸收介质时，辐射强度 I_0 的单色光因被吸收而降到了 I，先考虑一个厚度为 dx 的无限小截面的吸收情况。可设想此截面中有 dn 个吸收粒子，每个分子都有俘获光子的可能，当光子到达其表面时，就会发生吸收。由于假设 dx 无限小，此截面单个光子的被俘概率可以以此截面内俘获表面的总面积 dS 对截面面积 S 之比 $\left(\dfrac{dS}{S}\right)$ 表示。经此截面的辐射 I_x 经过分子俘获后，强度减弱了 dI_x 即辐射在此截面的减少量为 $-dI_x/I_x$（负号表示辐射强度的减弱）。由于强度减弱是俘获光子概率的反映，则有

$$-\frac{dI_x}{I_x} = dS/S$$

式中，dS 是前以设定的此截面分子俘获表面的总面积，则其必定与其分子数目成正比：

$$dS = \alpha dn$$

式中，dn 表示 Sdx 体积单元分子数目，α 是比例常数，由上两式可得：

$$-\frac{dI_x}{I_x} = \alpha \frac{dn}{S}$$

当辐射通过厚度为 L 的吸收介质时，俘获了光子的数目从 0 达到了 n 个，则有下列积分：

$$\int_{I_0}^{I} -\frac{dI_x}{I_x} = \int_0^n \frac{a\,dn}{S}$$

积分得 $-\ln\dfrac{I}{I_0} = \alpha\dfrac{n}{S}$，$S = \dfrac{V}{L}$，$V$ 为体积，则

$$\ln\frac{I_0}{I} = \alpha\frac{CL}{V}$$

溶液的浓度 C 用单位体积分子数 $\dfrac{n}{V}$ 表示，则有 $\ln\dfrac{I_0}{I} = \alpha CL$，换成以 10 为底的对数：$\lg\dfrac{I_0}{I} = 0.4343\alpha CL$，令 $K = 0.4343\alpha$ 即得布给－琅勃－比尔定律，简称比尔定律。公式为：

$$T = \frac{I}{I_0},\ \lg\frac{I_0}{I} = KCL,\ A = KCL$$

式中：

$\dfrac{I}{I_0}$——透射比（T）；

I——透射光强度；

K——物质吸收系数，单位（1/gcm）；

C——溶液浓度；

I_0——入射光强度；

A——吸光度，单位是 Ab；

L——溶液的光径度（比色皿的厚度）。

由以上公式可知，对于一定的光径 L 和任一（K 一定）光吸收性物质，吸光度 A 为浓度 C 的单值（线性）函数。对 C 的测试直接归结于对 A 的测试。

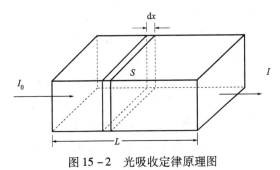

图 15-2 光吸收定律原理图

3. 722 型光栅分光光度计

（1）722 型光栅分光光度计结构及原理。

722 型光栅分光光度计是利用物质对不同波长的光选择吸收的现象进行物质定性定量分析的仪器。仪器光路结构如图 15-3 所示。光源发出白炽光，经单色器（光栅）色散后以单色光的形式经狭缝投射到样品池上，在经样品池吸收后入射到光电管转换成电流。光电流被放大器放大后直接送数字电压表作透射比 T 显示。调节光源供电电压，可以将空白样品的透射比调到 100%。仪器内设对数转换器，可直接将 T 转换为吸光度 A 供数字显示。更为方便的是，对于给定浓度的标准式样，对 A 值作比例调节，使表头显示值与浓度值相符合，对仪器做浓度读数标定，以便直接读出待测式样的浓度。

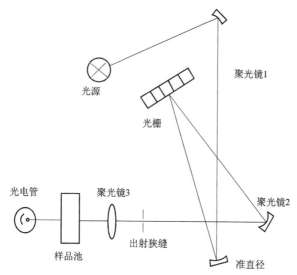

图 15-3 722 型光栅分光光度计的光路图

（2）仪器板面及开关、旋钮的作用。

仪器外形、面板及主要操作旋钮及按钮如图 15-4 所示，说明如下：

① 测量方式（Range）选择。

仪器有以下三种方式可供选择，按下相应键后即完成该选择：

T：在此方式时，仪器作透射比测试。

Ab：仪器工作于吸光度测试方式，测试范围 0~1.999 Ab。

Conc：仪器工作于浓度测定方式。仪器用某一已知浓度的标准样品做校定。

CONC：在一起工作于浓度测量方式时，调节本旋钮，可以使表头显示的读数与标准浓度读数一致。以后在测试待测样品时，则可直接读出测得的浓度数值。

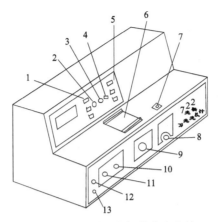

图 15-4　722 型光栅分光光度计

ABSO（FINE）：消光值细调旋钮。在 T=100.0% 时将 A 细调零。

0% T ADJ：透射比 T 调零。打开样品室盖，光电管暗盒光门自动关闭。光电管处于无辐射状态。调节比旋钮，可以补偿暗电流，使 T 的读数为零。

POINT（小数点）选择按键，在浓度测量方式时，选择 1、2、3 中的任一键可以选择显示数据的小数点位置。当仪器按上所述调节 CONC 并正确选择小数点后，可以极方便地直接读出带小数点的浓度读数。

② 样品室盖。

7——波长读数窗：直接读出以 nm 为单位的波长值。

8——池转换拉杆（cell changeover）：拉动拉杆，可以选择进行测量的比色池（有四个池可供选择使用）。

9——波长选择（wavelength select）：转动此旋钮可以选择波长（范围：320~800 nm）。顺时针方向旋转波长增加。

10——RIGHTNESS ADJ（FINE）（亮度调节细）：用于细调光源亮度以实现 100% T 调节目的。

11——RIGHTNESS ADJ（COARSE）（亮度调节粗）：用于粗调光源亮度以实现 100% T 调节目的。

12——电源指示灯。

13——电源总开关。

14——三位半数字显示表。

③ JA21002 电子天平的使用。

将天平置于稳定工作台上，调节水平调整脚，使水泡位于水准器中心。

·开机：按 <ON> 键，显示器全亮，显示天平型号 -21002 -，后显示称量模式：0.00 g。

- 校准：按<T>键，使天平回到零状态。
- 称量：天平校准后，即可进行称重。在称重时，必须等显示器左下角的"o"熄灭后才可读数。在长时间的称量过程中，应经常进行校准，这样可始终保持测量的准确性。特别要注意的是，称量时被测物件必须轻拿轻放，以免造成天平不必要的损坏。
- 关机：按<OFF>键。

注意：天平如果长期不用，请拔去电源，在拔去电源时，天平的称量盘上必须保持空载。

【实验内容和实验方法】

（1）熟悉仪器面板，对照资料弄清各个按键旋钮的作用与功能。反时针调节波长按钮，选择仪器的使用波长（罗丹明 B 的最大吸收波长是 554 nm）。检查电源无误后，打开电源开关接通电源，此时电源指示灯亮，仪器进入预热状态，预热 25 min（此时要打开比色皿暗箱盖）。

（2）配制罗丹明 B 标准溶液

取定浓度值 2 mg/L，配制 500 mL 罗丹明 B 溶液，计算罗丹明 B 质量为 1 mg，用天平称取罗丹明 B 放入烧杯加水溶解，倒入容量瓶定容（注意烧杯要多次洗涤，并且洗涤液要加入到容量瓶中），即得到标准溶液。

（3）溶液测量

① 测定透射比 T。

按下 RANGE 选择中的 T 键，使仪器工作于透射测试方式。打开比色皿暗箱盖，调节透射比旋钮 2（0% T ADJ），使 T 读数为 0。将参比溶液（蒸馏水），标准溶液，样品溶液放入比色皿座，合上样品室盖。拉（推）池转换拉杆，将参比溶液移入光路。调节粗（COARSE）或细（FINE）亮度调节（BRITGHTNESSADJ）旋钮，使 T 读数为 100%，然后将样品溶液移入光路，读出数显表显示读数，即得样品溶液相对于参比溶液的透射比 T。同样可测标准溶液的 T 值。

② 测定吸光度 A。

完成 T 测量后，将 RANGE 中的 ABS 按下，仪器自动转入吸光度 A 测量方式。此时 A 读数应为 0.000。当读数不为 0 但接近 0 时，调节 ABS0（FINE）（吸光度细调零）旋钮，将读数清零。将样品移入光路，则可测得相对于参比溶液的吸光值。当样品吸收过大，T 不足 1.0% 时，A 超过 2，数据溢出数显表的显示范围。这时需提高参比溶液的 A 值（或插入另外的高 A 溶液）或稀释样品后再作测试。

③ 测量浓度 C。

将 RANGE 中的 CONC 按下，仪器自动转入浓度测量状态。将已知浓度溶液移入光路，调节浓度旋钮 4（CONC），使数显表上读数为标称值。然后按下相应小数点按钮（POINT），使显示数据的小数点与标称值的小数点位置一致。将样品移入光路中，即可得样品的浓度。若样品浓度高于 2 mg/L，则必须稀释样品后进行重新测量。

重复上述实验三次，记录三组数据并取平均值，数据记录在表 15 - 1 中，并分析误差产生的原因。

表 15 - 1　测量数据记录表

测量项目 溶液	透射比 $T/\%$	吸光度 A/Ab	浓度/（$mg \cdot L^{-1}$）
参比溶液（蒸馏水）			
标准溶液			
待测试样			

（4）利用分光光度计测量二氧化钛薄膜的光催化效率。

近年来，半导体光催化的研究十分活跃，围绕着太阳能的利用以及半导体光催化机理的阐述，化学家、物理学家、环境学家和化工工程师等广大科技工作者进行了大量的研究，掀起了半导体多相光催化的研究高潮。对于半导体粒子表面光诱导电子转移和光催化机制的研究，光催化效率的提高一直是本领域的热门课题，其应用遍及太阳能电池、光化学合成、环境治理等领域。目前，半导体光催化的应用进一步扩展到抗菌杀菌、消毒除臭、防雾自清洁等领域，展现了它在环境治理中的广阔应用前景。

与金属所拥有的连续电子态不同，半导体有一个间隙能量区域，在这个区域内没有能级可以促使光生电子 - 空穴对复合。这个能量间隙从填满的价带顶一直延伸到空的导带底，叫做带隙。一旦有跨越带隙的光激发发生，这种光激发一般就有纳秒量级的充分长的寿命来产生电子 - 空穴对，然后产生的光生电子 - 空穴对就有一定的概率通过电荷输运到达与半导体表面接触的气相或液相吸附物上。等作用聚集在半导体表面，从而使光催化反应发生在催化剂表面或距表面几个原子层厚度的溶液里。一般来说，物质能否在半导体界面进行光催化反应，是由该物质的氧化还原电位和半导体的能带位置决定的。半导体价带能级代表该半导体空穴的氧化电位的极限，任何氧化电位在半导体价带位置以上的物质，原则上都可被光生空穴氧化；同理，任何还原电位在半导体导带位置以下的物质，原则上都可以被光生电子还原。

通常光生电子和空穴通过扩散或空间电荷迁移诱导到表面能级捕获位置，参加几个途径的若干反应。

①发生电子与空穴的复合或者通过无辐射跃迁途径消耗掉激发态的能量（AB）；

②同其他吸附物质发生化学反应或从半导体表面扩散参加溶液中的化学反应（CD），如图15-5所示。

这几种反应途径相互竞争且与界面周围的环境密切相关。显然只有抑制电子和空穴的复合，才有可能使光化学反应顺利进行。同时，载流子从吸附物传导到半导体表面的后施予过程也可能发生，这点在图15-2中未加以说明。由于在 TiO_2 颗粒内光生电子-空穴对的复合只有几分之一纳秒，吸收的光子引发的界面载流子必须以极快的速度被捕获才能达到高效的转化。这就要求载流子的捕获速率要快于扩散速率，因此在光子到达催化剂之前，充当载流子陷阱的物质要提前吸附在催化剂的表面。表面和体缺陷态能级位于半导体的带隙内部，是固定的。这些态所捕获的载流子位于体内或表面的特殊位置，体内及表面缺陷态数量依赖于缺陷能级与导带底之间的能量差及电子捕获时熵的减少。

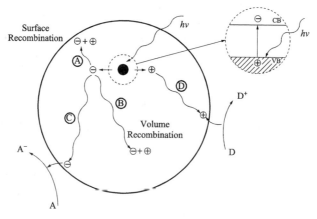

图15-5 受激电子-空穴对退激发过程

二氧化钛，是一种常见的半导体材料。研究表明，二氧化钛在紫外光的照射下会受激发具有很强的氧化性，可以氧化分解有机物，二氧化钛光催化这一性能正被应用于环境净化（如废水处理、空气净化以及杀菌消毒）工程。

评价一种材料的光催化能力的方法多种多样，目前人们最常用的一种方法是使用测量标准浓度有机物的浓度随光催化时间的变化的方法来评估这种材料的光催化能力。本实验就是使用降解标准浓度的生物染色剂 Rhodamine B，通过测量生物染色剂 Rhodamine B 浓度随光催化时间的变化数据做出光催化降解曲线的方法来评估二氧化钛薄膜样品的光催化能力。本实验中标准生物染色剂 Rhodamine B 溶液的浓度是 2 mg/L，Rhodamine B 的特征吸收波长是 554 nm。实验步骤自己设计。

【注意事项】

仪器在没放入样品测定时一定要打开比色皿暗箱盖，防止光电管老化。

仪器要保持清洁干燥，注意不要将溶液洒入仪器内，以免污染弄脏光学器件，影响仪器性能。

比色皿透光侧壁不能用手拿，任何污物和划伤都会显著地降低比色皿的透光特性。

同组测量，要使用同型号的比色皿，比色皿一般容量为 5 mL，装液不要太满，达 2/3 即可，测量时，比色皿量透光壁必须用丝绒揩干擦净，而且透光壁要垂直光束方向，以减小侧壁反射误差。

仪器在使用前要预热，如果在测量过程中需改变波长而大幅度跳动光源亮度，要稍候几分钟待仪器稳定后才能进行测试，每次波长改动后，仪器均需重新调整。

应用比耳定律定量分析溶液，要求溶液是稀溶液（浓度 <0.01 mol/L）。

仪器测量时，要保持环境光源稳定，人员不要走动，防止环境光强变化对实验误差的影响。

实验 16

微波铁磁共振

微波技术是近代发展起来的一门尖端科学技术。微波不仅在国防、工业、农业和通信等方面有着广泛的应用,在科学研究中也是一种重要的观测手段。微波磁共振是微波与物质相互作用所发生的物理现象,磁共振方法已被广泛用来研究物质的特性、结构和弛豫过程。铁磁共振具有磁共振的一般特性,而且效果显著,容易观察。铁磁共振(FMR)在磁学及固体物理学研究中占有重要地位。它能测量微波铁氧体的许多重要参数,如共振线宽、张量磁化率、有效线宽、饱和磁化强度、居里点、亚铁磁体的抵消点等。它和顺磁共振、核磁共振一样,是研究物质结构的重要实验手段。

【实验目的】

(1) 了解铁磁共振的基本原理和实验方法,观测铁磁共振现象。
(2) 掌握用谐振腔法测量共振线宽及朗德因子。
(3) 了解微波基本知识,了解有关的微波测量技术。

【实验原理】

在恒磁场中,磁性材料的磁导率可用简单的实数来表示,但在交变磁场作用下,由于有阻尼作用,磁性材料的磁感应强度的变化落后于交变磁场强度的变化,这时磁导率要用复数 $\mu = \mu' + j\mu''$ 来描述。其实部 μ' 相当于恒磁场中的磁导率,它决定磁性材料中储存的磁能。虚部 μ'' 则反映铁磁体的磁损耗。

实验表明,微波铁氧体在恒磁场 H_0 和微波磁场 H' 同时作用下,当微波频率固定不变时,μ'' 随 H_0 的变化规律如图 16-1 所示。可见 $\mu'' - H_0$ 的关系曲线上出现共振峰,即产生了铁磁共振现象。从经典观点看,铁磁共振点相应于铁磁体的磁损耗呈现极大值。从量子观点看,铁磁体在恒磁场作用下,产生能级分裂,当外来微波电磁场量子($h\nu$)等于能级间隔时,将发生对这种量子的共振吸收。

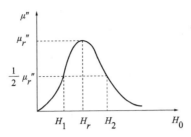

图 16-1 张量磁化率对角组元的虚部 μ'' 与外加恒磁场的关系曲线

通常将与 μ''_{max} 相对应的磁场 H_r 称为共振磁场，对应球形样品，H_r 与角频率 ω 的关系为：

$$H_r = \omega/r \tag{16-1}$$

式中，$r = ge\mu_0/2mc$，称为旋磁比；m、e 分别是电子的质量和带电量的绝对值；μ_0 为真空导磁率；c 是真空中光速；g 为光谱分裂因子——朗德因子。

而使 μ'' 降到其最大值一半时相对应的两个磁场值之差 $|H_2 - H_1|$ 称为铁磁共振线宽。这是一个非常重要的物理量，它是铁氧体内部能量转换微观机制的宏观表现，其大小标志着磁损耗的大小。

测量铁磁共振线宽，一般采用谐振腔法。根据谐振腔的微扰理论，把铁氧体小球样品放到腔内微波磁场最大处，将会引起谐振腔的谐振频率 f_0 的变化（由 μ' 引起谐振腔的谐振频散效应）和品质因数 Q 的变化（由 μ'' 引起的能量损耗）。这样 μ'' 的变化可通过测量 Q 值的变化来确定，而 Q 的改变影响到谐振腔输出功率 $P_{出}$ 的变化。因此，可以在保证谐振腔输入功率 $P_{入}$ 不变和微扰的条件下，通过测量 $P_{出}$ 的变化来测量 μ'' 的变化。即可将图 16-2 所示的 $P_{出} - H_0$ 关系曲线反为图 16-1 中的 $\mu'' - H_0$ 共振曲线，并用来测量共振线宽 ΔH。

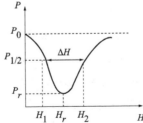

图 16-2 输出功率与外加恒磁场的关系

本实验是采用传输式谐振腔测量铁磁共振线宽。测量时我们采用非逐点调谐法，只在无共振吸收时调谐一次，这对于窄共振线宽的情况是完全可行的。但应该注意，此时为考虑频散修正，可用式（16-2）修正，从测量的 $P_{出} - H_0$ 曲线上定出 ΔH：

$$P_{1/2} = 2P_0 P_r / (P_0 + P_r) \qquad (16-2)$$

式中，P_0 为远离铁磁共振区时谐振腔的输出功率，P_r 为出现铁磁共振时谐振腔的输出功率，此时对应的外磁场为共振磁场 H_r，而相应的张量磁导率对角元虚部 $\mu'' = \mu''_{max}$，$P_{1/2}$ 为与 $\mu'' = \frac{1}{2}\mu''_{max}$（半共振点）相对应的半功率输出值，根据 $P_{1/2}$ 的大小再从图 16-2 中找出相对应的两个磁场值 H_1、H_2，$\Delta H = H_1 - H_2$。

因为本系统信号较小，晶体检波器的检波律符合平方律，即检波电流与输出功率成正比 $I \propto P$，故传输式谐振腔的输出功率可用晶体检波器的检波电流作相对指示。微安表可以检测谐振腔的输出功率。且由式（16-2）知，对检波电流同样有：

$$I_{1/2} = 2I_0 I_r / (I_0 + I_r) \qquad (16-3)$$

【实验仪器】

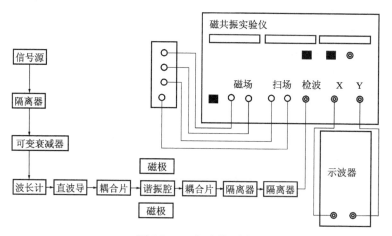

图 16-3　实验装置图

（1）本实验系统采用"扫场法"进行微波铁磁材料的共振实验，如图 16-3：即保持微波频率不变，连续改变外磁场，当外磁场与微波频率之间符合一定关系时，将发生微波磁场的能量被吸收的铁磁共振现象。

（2）铁磁共振实验系统是在 3 cm 微波频段做铁磁共振实验。信号源输出的微波信号经隔离器、衰减器、波长表等进入谐振腔。谐振腔由两端带耦合片的一段矩形直波导构成。

（3）系统中，磁共振实验仪的"X 轴"输出为示波器提供同步信号，调节"调相"旋钮可使正弦波的负半周扫描的共振吸收峰与正半周扫描的共振吸收峰重合。当用示波器观察时，扫描信号为磁共振实验仪的"X 轴"输出的 50 Hz 正弦波信号，Y 轴为检波器检出的微波信号。按下磁共振实验仪的"调平衡/Y 轴"按钮时，"扫场/检波"按钮弹起，此时磁共振实验仪处于检波状态；而按下磁共振实验仪的"扫场/检波"按钮时，"调平衡/Y 轴"按钮弹起，此时磁共振实验仪处于扫场状态（样品谐振腔加上了扫场），调谐电表指示为扫场电流的相对指示。注意：切勿同时按下磁共振实验仪的"调平衡/Y 轴"按钮和"扫场/检波"按钮。

（4）信号源：DH1121 型三厘米固态信号发生器，是能输出等幅信号及方波调制信号的微波信号源。开机前，先不要将连线插入"输出插孔"按下电源按键，此时发光二极管发亮，指示电表应升至 10 V 左右（电表满刻度指示为 15 V），再按下电流指示，指针应指示在零，此时证明电源是正常的。本仪器在出厂时，已被调节在最大输出功率的频率上，调节杆的螺母已锁紧。如实验中需要改变频率，可松开锁紧的螺母，然后调整调节杆至所需频率。

（5）隔离器是一种不可逆的微波衰减器，它是利用铁氧体的旋磁性制成的微波铁氧体器件。它对正方向通过的电磁波能量几乎不衰减，而在反方向上却衰减很大，电磁波几乎不能通过。在微波发生器后加上隔离器，可以避免负载反射波对信号源的影响，使信号源工作稳定。

（6）可变衰减器的作用是使通过它的微波产生一定量的衰减，常用来调节微波功率电平。

（7）本实验系统采用吸收式谐振腔波长计（只有一个输入端与能量传输线路相接）测量信号频率。使用方法是：调节波长计的螺旋测微仪，当调谐电表指示最小时读出螺旋测微仪上的刻度值，查附表便可知此时信号的振荡频率。

（8）引导微波传播的空心金属管称为波导管。电磁波在波导管内有限空间传播的情况与在自由空间传播的情况不同。它不能传播横电磁波。

（9）晶体检波器是用来检测微波信号的，它的主体是一个置于传输系统中的晶体二极管，利用它的非线性进行检波，将微波信号转换为直流或低频信号，以使用普通的仪表指示。由于晶体二极管是从波导宽边中心插入，它对两宽壁间的感应电压进行检波。如果加与晶体二极管上的电压较小，符合平方律检波，则晶体二极管检波电流与接受的微波功率成正比。因此可由输出检波电流的大小，检测微波功率的强弱。检波电流达到最大时，检波灵敏度最高。

（10）谐振腔是具有储能与选频特性的微波谐振元件。常用的谐振腔是一个封闭的金属导体空腔。当微波进入腔内，便在腔内连续反射，若波型和频率合适，即产生驻波，也就是说发生了谐振。若谐振腔的损耗可以忽略，则腔内振荡将持续下去。

重要参数：谐振频率满足 $l = n (\lambda/2)$，这就是谐振条件，即矩形谐振腔

的长度 l 等于半波导波长 λ 的整数倍时,进入腔内的波可在腔内发生谐振。

【操作步骤】

(1) 将可变衰减器的衰减量置于最大,将磁共振实验仪的磁场调节钮反时针转到底(不加磁场),不加样品。打开三厘米固态信号发生器及磁共振实验仪的电源开关,预热20分钟。

(2) 晶体检波器输出接磁共振实验仪检波输入。按下磁共振实验仪的"调平衡/Y 轴"按钮,并适当减小可变衰减器的衰减量,使调谐电表有适当的指示,用波长计测试此时的信号频率。

(3) 用扫场法观察样品的铁磁共振信号:打开示波器,并选到 Y 轴输入方式。将单晶球样品(装在白色壳内)放入谐振腔,按下磁共振实验仪的"扫场/检波"按钮,使其置于扫场状态,这时,调谐电表指示为扫场电流的相对指示。将扫场旋钮右旋至最大,调节磁场至恰当强度,在示波器上观察单晶的铁磁共振曲线,并调相至理想图形,描绘下来。

若共振波形峰值较小或图形不够理想,可采用下列方法调整:

将可变衰减器反时针旋转,减小衰减量;

调节"扫场"旋钮,可改变扫场电流的大小;

调节示波器的灵敏度;

调节"相位"旋钮,可使两个共振信号处于合适的位置;

适当调整样品位置。

(4) 将多晶球样品(装在半透明壳内)放入谐振腔,并将谐振腔放到磁场中心位置。将扫场旋钮逆时针旋到底(不加扫场),调磁场至零,衰减值调至最大,按下磁共振实验仪的"调平衡/Y 轴"按钮,使其处于检波状态,晶体检波器输出接微安表。逐渐减小衰减,使微安表上有理想读数,然后保持衰减不变,缓缓顺时针转动磁共振仪的磁场调节钮,加大磁场电流,观察微安表的读数变化,测得 I_0(最大读数)、I_r(最小读数,即铁磁共振吸收点),且用高斯计测得此时的共振磁场 H_r。

将 I_0、I_r 代入 (16-3) 式求出 $I_{1/2}$,再继续调节磁场当微安表读数为 $I_{1/2}$ 时,用高斯计测量出相应于两个半功率点的磁场强度值 H_1 和 H_2,并计算出共振线宽:$\Delta H = | H_1 - H_2 |$ 及朗德因子:$g = 2m\omega / (e\mu_0 H_r)$。

【思考题】

1. 为什么说 I-H_0 曲线能反映铁磁共振吸收曲线?

2. 如何用经典与量子的观点解释铁磁共振现象?

3. 测量 ΔH 时要保证哪些实验条件?为什么?

附　录

附录 I　OMWIN Ver 1.4 使用说明

一、简介

本软件是专为 OM98/99 CCD 计算机密立根油滴仪配套提供的数据处理软件，可完成密立根油滴仪实验中数据的录入、处理、实验报告生成、打印和管理。

二、操作说明

1. 选取"文件"中的"新报告"菜单命令，在弹出的对话框中输入学生姓名与学号，此时，将开始此学生的数据处理，而前一个学生的数据处理工作结束，与之相关的一切数据全部清除。

2. 选取"实验"中的"实验参数设置"菜单命令，根据具体情况设定各参数，按"确定"后设置情况将被保存到"PRESET.INI"中。

3. 选取"实验"中的"第一个油滴数据"菜单命令，在表格中输入电压值和时间值数据，当然，并不是一定要录入 10 次测量的数据。按"计算"按钮，表格中其他空格的值将被计算并显示，按"确定"键，第一个油滴的数据处理完毕。

4. 依次处理其他各粒油滴，同样，不需严格依 1，2，3，…的顺序进行，每粒油滴的各次平均值将显示在主窗口内。

5. 选取"实验"中的"数据处理&生成报告"菜单命令，自动计算本次实验的最终结果并显示在主窗口内，同时，试验报告也自动生成。试验报告包含了学生姓名与学号、日期、各项数据及结果。

6. 用"文件"中的"打印"打印实验报告，而且报告每页的行数可以在"页面设置"中调整；用"打印预览"或再打开油滴数据表格观察报告，也可用"保存"将报告存盘。保存时，以"学号.RST"作为默认文件名，如果重复,将会弹出一个对话框要求指定文件名。如果学生没有输入学生姓名与学号,将以"NONAME.RST"保存,并且,它是会被下一个"NONAME.RST"覆盖的。

7. 指导教师如欲批改学生的实验报告,可以选取"文件"中的"调入报告"菜单命令,如果报告在一页里显示不下,可以用"文件"中的"上一页"或"下一页"(或用 PageUp 及 Pagedown)翻动。另外,"*.rst"文件是文本格式,因此还可以用写字板、记事本等工具打开。

本软件在 800×600、小字体显示模式下有最佳运行效果。如果字体大小或分辨率不佳,请调整 Windows 中的字体大小和分辨率设置。

附录 II 倍增管处理系统

一、工作界面介绍

启动计算机后,单击"开始"菜单执行"程序"组中的"WGD-8A"组下的"WGD-8A 倍增管系统"或双击桌面上的"WGD-8A 倍增管系统"快捷图标进入"WGD-8A 倍增管系统"系统,首先弹出友好界面,等待用户单击鼠标或键盘上的任意键;5 秒钟后,马上显示工作界面,同时弹出一个对话框,自动进入初始化。初始化结束后,波长位置回到 200 nm 处。

完成上面几步,就可以在 WGD-8A 软件平台上工作了(工作界面如图 1)。

工作界面主要由菜单栏、主工具栏、辅助工具栏、工作区、状态栏、参数设置区以及寄存器信息提示区等组成。

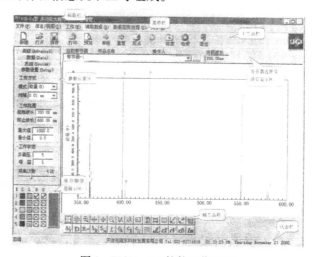

图 1 WGD-8A 软件工作界面

1. 菜单栏

菜单栏中有"文件""信息/视图""工作""读取数据""数据图形处理""关于"等菜单项。单击这些菜单可弹出下拉菜单,利用这些菜单即可执行软件的大部分命令。下面简单介绍菜单栏中各菜单的主要功能:

(1) "文件"菜单

- 新建　　　　　　　清除当前实验的所有数据
- 打开　　　　　　　打开一个已经存在的数据文件
- 保存　　　　　　　把所选择的寄存器中的数据保存到文件中

(2) "信息/视图"菜单

- 采集信息　　　　　输入采集环境及其他信息
- 显示网格　　　　　显示网格坐标
- 加强数据点方式　　对数据点进行加强显示
- 动态方式　　　　　采集时动态调整纵坐标

(3) "工作"菜单(在主工具栏中有以下命令按钮)

- 单程扫描　　　　　从起始波长扫描到终止波长
- 重复扫描　　　　　在起始波长和终止波长间重复扫描
- 定波长扫描　　　　定点扫描 – 在固定波长处以时间为横轴采集
- 停止　　　　　　　停止扫描
- 定点测量　　　　　在某一固定波长位置测量不同的样品
- 浓度测量　　　　　测量样品浓度
- 波长检索　　　　　检索到指定的波长
- 重新初始化　　　　光栅重新定位

(4) "读取数据"菜单(在辅工具栏中有相应的图标)

- 读取数据　　　　　读取指定点的数据
- 扩展　　　　　　　对波长和数值进行扩展
- 取消所有扩展　　　取消本次实验的所有扩展
- 寻峰　　　　　　　检索峰、谷的位置
- 显示　　　　　　　根据设置显示谱线
- 刷新　　　　　　　刷新屏幕
- 左右坐标交换　　　在双坐标时,左右坐标交换
- 波长修正　　　　　修正波长

(5) "数据图形处理"菜单(在辅工具栏中有相应的图标)

- A/T 转换　　　　　对设置的谱线进行 A/T 转换
- 微分　　　　　　　对设置的谱线进行微分

·计算	对设置的谱线进行计算
·平滑	平滑选定的谱线
·谱线连接	对选定的两条或三条谱线进行连接
·改变数据间隔	改变数据间隔
·改变显示数值范围	改变显示数据范围
·修改信息	修改数据的采集环境及其他信息
·修改数据	修改现有数据
·改变寄存器颜色	改变寄存器颜色
·改变寄存器线型	改变选定的寄存器的线型
·清除数据	清除选定的数据

2. 工具栏

软件提供了两个工具栏，每个工具栏由一组工具按钮组成，分别对应某些菜单项或菜单命令的功能，用户只需用鼠标左键单击按钮，即可执行相应的操作或功能。

3. 工作区

工作区是用户绘制、浏览、编辑谱线的区域。工作区可同时显示多条谱线。

4. 状态栏

状态栏用于反映当前的工作状态。另外，当定点设备指向某一菜单项或按钮时，会在状态栏显示相应的功能说明。

5. 参数设置区

参数设置区包含了四个标签："参数设置""高级""系统""数据"。

·参数设置	设置工作方式、工作范围及工作状态
·高级	含四种设置：是否使用滤光片，是否在特定波长换灯、补数方式、再次扫描设置
·系统	系统设置（实验者不能对此进行操作，否则会引起系统死机）
·数据	显示选定的寄存器中的数据

6. 寄存器信息提示区　　显示各寄存器的信息

7. 寄存器选择及波长显示栏　　选择当前寄存器，显示当前波长位置

二、功能介绍

1. 基本设置

利用软件提供的参数设置区，用户可以方便地设置所使用的系统。

(1) 设置工作参数 (setup)

选择参数设置区的"参数设置"项,界面中显示如图 4-9 所示的对话框。

·工作方式→模式:所采集的数据格式有能量(E)、透过率(%T)、吸光度(ABS)、基线(E)。

·工作方式→间隔:两个数据点之间的最小波长间隔,系统中有五个选项供选择,分别为 1.00 nm、0.50 nm、0.10 nm、0.05 nm、0.02 nm、0.01 nm。

·工作范围:在起始、终止波长和最大、最小值四个编辑框中输入相应的值,以确定扫描时的范围。当使用动态方式时,最大值、最小值设置不起作用。

·负高压调节:手动调节负高压,由仪表读数;关机时将负高压调至零位。

·工作状态→增益:设置放大器的放大率。设 1~8 共八挡。

·工作状态→采集次数:在每个数据点,采集数据取平均的次数。拖动滑块,可在 1~1 000 次之间改变。

*在作透过率或吸光度时,要先作"基线"。

(2) 高级设置 (advanced)

选择参数设置区的"参数设置"项,界面中显示一个对话框。

·使用滤光片:控制扫描过程中,在相应的位置是否提示换滤光片。如果选择了该项,在扫描点路过该复选框下的表中列出的波长位置时,会换滤光片提示框。

·在特定位置换灯:控制扫描过程中,在特定的位置是否提示换灯。如果选择了该项,在扫描点路过该复选框下的表中列出的波长位置时,会弹出换灯提示框。

·补数方式:在改变寄存器数据的间隔时,插入数据的方式。这里只有直线填充法可供选择。

·再次扫描设置:在扫描时,对当前寄存器的使用方式。

"清除寄存器数据":在每次扫描之前,清除当寄存器的数据(无提示)。

"覆盖相关数据":在每次扫描之前,检测当前寄存器中是否有数据,如果有则提示用户换一个寄存器。

(3) 系统设置 (在 USB 接口程序中,电机及方向设置不起作用)

选择参数设置区的"系统"项,界面中显示一个对话框。

·"清除修正值"按钮:单击该按钮,可使波长修正值归零。

·"电机转速"项:拖动滑块,可选择电机转速(范围为 1~50 ms)。

・"电机方向"区：单击相应的单选按钮，可选择电机的旋转方向。

・"退出设置"区：

保留当前设置：若选择了该项，在退出本系统时，会自动记忆当前设置，在下次启动该软件时自动调入。

记忆当前波长：若选择了该项，在退出本系统时，会自动记忆当前的波长位置，在下次启动该软件时自动调入，并让用户确认。否则，再次启动该软件时，直接进行初始化。

（4）显示寄存器中的数据

选择参数设置区的"数据"项，界面中显示一个对话框。

在"寄存器"下拉列表框中选择某一寄存器，会在数值框中显示该寄存器的数据。

2. 寄存器信息

在寄存器信息显示区中显示了各寄存器的主要信息：

R：寄存器，下面的 1、2、3、4、5 分别为五个寄存器。

C：寄存器的画线颜色

L：寄存器的画线线形

D："☑"表示寄存器中有数据，"☒"表示寄存器中无数据

S：寄存器中保存的谱线是否处于可视状态："☑"表示可视，"☒"表示不可视

点击详细信息按钮，弹出"寄存器信息"对话框。在"寄存器"下拉列表框中选择寄存器，下面的列表框中将列出该寄存器的详细信息。点击对话框右上角的关闭按钮，关闭对话框。

3. 当前寄存器

"当前寄存器"下拉列表框可选择当前工作寄存器。其右侧的按钮用来改变寄存器的环境信息。系统时刻监测波长位置的移动，并在"当前波长"提示框中显示当前波长位置。

4. 信息及视图管理（辅工具栏中具有以下相应的按钮）

（1）采集信息：下拉菜单：信息/视图→采集信息

用户在"寄存器"下拉列表框中选择某一寄存器，向"样品名称""操作人""备注"三个编辑框中输入相应的信息。然后，单击"关闭"按钮即可将信息保留。此时，工作区上方的"寄存器"下拉列表框中将显示已输入的信息。单击该列表框右侧的按钮，可对已输入的信息进行修改。

（2）显示网格：下拉菜单：信息/视图→显示网格

执行该命令后，工作区将显示网格坐标，网格的宽度和高度将随横、纵

坐标范围的变化而自动调整（网格线总是落在相应的整值点上），再次操作将取消网格坐标。

（3）对数据点进行加强显示：下拉菜单：信息/视图→加强数据点方式

当选择该项时，在谱线上数据点处，画出一个圆作为标志，再次操作将取消加强显示。

（4）只数据点：下拉菜单：信息/视图→数据点方式

当选择该项时，只在对应的数据点上画圆作为标志，数据点之间不连线。再次操作将取消只显示数据点。

（5）动态方式：下拉菜单：信息/视图→动态方式

选择此功能后，在扫描过程中，系统将根据采集值动态调整纵坐标范围，再次操作将取消动态方式。

5. 工作（主工具栏中具有以下相应的按钮）

（1）单程扫描：下拉菜单：工作→单程扫描

执行该命令后，如果当前波长位置在设置的扫描范围之外，系统弹出"波长检索"对话框。此时，系统将检索到起始波长后开始扫描（起始波长可在参数设置区的"参数设置"项下查看）；如单击"取消"按钮，则终止该次扫描操作。如果当前波长位置已在扫描范围内，则直接从当前点开始扫描。扫描过程中，界面左上角会出现数值显示框，显示当前位置信息。

（2）重复扫描：下拉菜单：工作→重复扫描

执行该命令后，系统弹出"输入"对话框。在编辑框中输入重复扫描的次数后（范围为1~100次），单击"确定"按钮则按设定的次数重复执行单程扫描操作，并把各次的谱线保留在屏幕上供参考（只保留最后一次的数据）。

（3）定波长扫描：下拉菜单：工作→定波长扫描

执行该命令后，弹出"输入"对话框。在编辑框中输入定点扫描的波长位置，单击"确定"按钮，弹出下一个"输入"对话框，输入定点扫描的时间长度后系统开始扫描。

（4）停止：下拉菜单：工作→停止

系统在扫描过程中，执行该命令，则终止扫描。

（5）定点测量：下拉菜单：工作→定点测量

执行该命令后，弹出"定点测量"对话框。

在测量样品之前，首先把本底样品放入样品池中（或不放，只用空点作本底），单击"测量本底"按钮来测量本底能量，系统会自动测量并记忆。

把待测样品放入样品池中，单击"测量样品"按钮。系统自动测量、计算，把样品的透过能量、透过率及吸光信息显示在样品信息区中。

若测另一样品,可重复上一步(需测本底时,重复上两步)操作。

单击"关闭"按钮,退出定点测量。

(6) 波长检索:下拉菜单:工作→波长检索

执行该命令后,弹出输入框。在编辑框中输入数值后,单击"确定"按钮,系统将显示提示框。当提示框自动消失时,当前波长移至用户所输入的位置。

(7) 重新初始化:下拉菜单:工作→重新初始化

重新检测零级谱,把光栅精确定位到 200.000 nm 处(系统其他参数不变)。

6. 数据的读取(辅工具栏中具有以下相应的按钮)

(1) 读取谱线的数据

1) 读取谱线的数据

下拉菜单:读取数据→读取数据→读取谱线数据

当在工作区中点击鼠标左键时,系统将光标定位在与该点横坐标最接近的谱线数据点上,并在数值框中显示该数据点的信息。

用鼠标左键在不同位置点击,可以读取不同的数据点。

2) 读取任意点的数据

下拉菜单:读取数据→读取数据→任意点数据

执行该命令后,当光标落在工作区中时,当用户用鼠标左键点击工作区任意点时,数值框中将显示该点的相应信息。

(2) 扩展

1) 区域扩展

下拉菜单:读取数据→扩展→横向/纵向扩展

执行该命令后,光标自动移动到工作区中心,以光标为中心画出一个贯穿工作区的红色十叉,该中心点的信息显示在数值框中。

移动光标,红色十叉也随之移动。点击左键,则确定扩展区域的顶点,再移动鼠标,工作区中除显示十叉线外,同时有一个示意扩展区域的矩形。此时点击左键,则确定扩展区域的另一个顶点(操作中点击右键,则退出扩展)。系统把所选择的区域扩展显示。

2) 横向扩展

下拉菜单:读取数据→扩展→横向扩展

执行该命令后,光标自动移到工作区中心,以光标的中心为其准画出一条贯穿工作区的竖线,光标中心对应的坐标信息显示在数据框中。移动光标,竖线将随之移动,光标中心点的数据信息也随之改变。点击左键,则确定扩展区域的一端。再移动鼠标，会在已确定端和竖线间出现"←→"形箭头，以表示扩展的区域，点击左键，则确定区域的另一端（操作中点击右键，则退出扩展）。系统把所选择的区域扩展显示。

3）纵向扩展

下拉菜单：读取数据→扩展→纵向扩展

使用方法与横向扩展类似，请参见上面操作说明。

附录Ⅲ 全息照相术简介

一、全息照相术的发展

一般全息照相中，再现光与参考光的波长是相同的。也可用不同波长的光，若再现光的波长比参考光长，则再现像比原物大，这就是全息放大。同波长的全息再现与全息放大以后发展为全息显微技术。

用不同波长的再现光所得到的像的大小和位置不同。如用白光再现，则在不同位置将出现不同颜色的再现像，这些像相互重叠会使整个图像模糊不清。如果记录全息照片时在适当位置加入狭缝，由于图中也包含狭缝的信息，再现时，除了物像之外还得到狭缝的像。用白光再现时，得到按波长次序排列的不同颜色的物像和狭缝像，观察者对准某一狭缝像只能看到某一颜色的物像。随观察位置不同，将陆续看到和彩虹颜色一样排列的不同单色物像。这种全息称彩虹全息。

20世纪60年代以来，全息技术的应用不断发展。1966年Jeong的报告制作了360°视场全息图。可以在360°视场不同方向看到景物主体再现像的全息图，已在科学、教育、医学、艺术、商业及建筑学形象化等方面有许多应用。

二、几种典型的全息干涉方法

（1）单次曝光法（实时干涉法）：拍摄某一物体的全息照片，显影、定影后使之精确复位，这时稍微变一下原物的状态，如加上或解除应力、压缩或膨胀等，使之产生一定形变，则新的物光束与原物的重建光束之间由于物上各点的位移而产生光程差，使肉眼根本看不出的物体形态变化在全息图上产生干涉条纹，据此可研究物体形变或微小位移及其与受力的关系。"单次"是指拍摄全息片时只经过一次曝光。

在单次曝光法中，全息片的复位要求精确，比较难以做到，乳胶的畸变也有一定影响，但只拍摄一张全息片就可以多次或连续观察物体的变化。

(2) 两次曝光法：在同一张底片上拍摄物体在不同时刻的两张全息照片，如果这两个时刻物体有形变，那么再现时，得到两个重建的物光束，它们由于彼此相干而且存在光程差而产生干涉花样。干涉条纹的分布直接与物体的始末状态有关，可用来分析物体状态的变化。两次曝光法不能观察物体连续变化的情况，但对底片的安放及对再现光的要求不那么严格，易于实现，此外乳胶的畸变对两个重建光波的影响基本一样，干涉时相互抵消。不再产生附加的光程差。

(3) 时间平均法：全息照相还可以用来研究物体的快速微小振动。其做法是：对振动物体拍摄全息照片，再现时可以看到物像表面重叠着干涉条纹。关于干涉条纹产生的原因，可做粗糙的定性解释：振动着的物体在极限位置的速度为零，所以在极限位置滞留的时间最长，选择合适的曝光时间，可拍摄到物体在两个极限位置的全息图，近似地等效于物体分别处于极限位置的两个静止状态，从而和两次曝光法类似，再现时将出现干涉条纹。对干涉条纹进行分析可得到物体振动的准确情况。

附录Ⅳ 磁共振现象中"尾波"的讨论

当原子核磁矩的运动频率与交变弱磁场的频率（ω）相同时发生核磁共振。此时样品吸收交变弱磁场的能量。由于样品微观电磁场能量的变化，导致样品线圈 Q 的变化，因此边限振荡器的振荡幅度会大幅度下降，此时由示波器可观察到共振信号。当磁矩由共振状态回至非共振状态时，磁矩的空间位置要发生变化，这个变化需要一个过程，这个过程称为弛豫过程。在这个过程中，磁矩逐渐"盘旋"至未共振状态（Z 轴）。在弛豫过程中，磁矩运动的频率不是恒定的，其频率逐渐变大。这种变化同样会在样品线圈中产生一感应信号，这个信号与样品线圈中的弱交变电压信号合成而发生差拍现象。这个差拍信号即"弛豫尾波"信号。

在弛豫过程中，存在两种能量交换过程：一是核自旋系统与周围介质交换能量，称为自旋-晶格弛豫过程，用时间 T_1 表示；二是核自旋系统内部交换能量，称为自旋-自旋弛豫过程，用时间 T_2 表示。T_2 与恒定磁场的均匀性有如下关系：$\gamma \cdot \Delta B = \dfrac{1}{T_2}$（$\gamma$ 为旋磁比），因此 T_2 越大则 ΔB 越小，即磁场越均匀。在实验中，若扫描通过共振点的时间比弛豫时间小得多，则会观察到衰减振荡，即"尾波"。从式 $\gamma \cdot \Delta B = \dfrac{1}{T_2}$ 可知，若 ΔB 越小，即磁场越均匀，T_2 越大，尾波则越长。由于电子自旋共振所使用的样品的弛豫时间比扫场通过共振点的时间短得多,所以观察不到尾波信号。

在核磁共振实验中,水是最常用的测试样品,因为氢核的核磁共振信号最强。但纯水中氢核的弛豫时间较长,会发生饱和效应,影响共振信号检测。一般的改进方法是在水中掺入适量的顺磁物质,如硫酸铜等。顺磁杂质的作用是使水中氢核的弛豫时间 T_1、T_2 大为缩短,减轻了饱和效应,这样就可以施加较大的射频磁场,获得较大的核磁共振信号。

在磁共振现象中,有两个过程同时存在。一个是受激跃迁,核磁矩系统吸收外加电磁场能量,其结果是上下两能级粒子差数趋于零;另一个是弛豫过程,核磁矩系统将能量传给晶格。其结果是使两能级上粒子数趋于热平衡分布,粒子差数值趋于平衡态数值。这两个过程最终达到动态平衡,粒子差数也稳定在某一数值。于是我们就可以连续地观察到稳定的吸收。这个稳定的粒子差数值 n_s 和平衡时的数值 n_0 之间的关系为

$$n_s = \frac{n_0}{1 + 2PT_1} = Zn_0$$

式中,T_1 是纵向弛豫时间,P 是两能级间受激吸收和受激跃迁的概率。Z 是饱和因子,是一个小于 1 的无量纲数值。已知核自旋系统吸收的能量与粒子差数 n_s 成正比。因此为了观察到较强的共振信号,就要求跃迁概率和外加电磁波强度 B_1 的平方成正比。减小 P 的要求就是减小射频场。减小 T_1 的一种方法是在样品中加入顺磁物质。因为顺磁物质呈现电子磁矩,而电子磁矩比核磁矩大三个数量级。顺磁离子对核磁矩产生很强的扰动,使得核磁矩的弛豫时间 T_1 和 T_2 大为缩短,从而减轻饱和效应,增大共振信号。

在共振吸收过程中,低能级的粒子跃迁到高能级,使高、低能级的粒子数分布趋于均等,这时共振吸收信号消失,粒子系统处于饱和状态,但由于物质内部机制存在着恢复平衡状态的逆过程,在适当的实验条件下仍可观察到稳定的共振吸收信号。下面用宏观理论来讨论这种恢复平衡的过程。

在恒定的磁场作用下,微观粒子系统的磁化可用宏观磁化强度 $\boldsymbol{M}$ 来描述,$\boldsymbol{M}$ 等于单位体积内所有微观磁矩 $\boldsymbol{\mu}_1, \boldsymbol{\mu}_2, \cdots, \boldsymbol{\mu}_i$ 的矢量和,即

$$\boldsymbol{M} = \sum \boldsymbol{\mu} \tag{1}$$

由 (1) 式及

$$\frac{d\boldsymbol{\mu}}{dt} = \gamma \cdot \boldsymbol{\mu} \times \boldsymbol{B}_0 \tag{2}$$

可得,$\boldsymbol{M}$ 在 $\boldsymbol{B}_0$ 中的运动方程为

$$\frac{d\boldsymbol{M}}{dt} = \gamma \cdot \boldsymbol{M} \times \boldsymbol{B} \tag{3}$$

可见 M 也以角频率 $\omega_0 = \gamma \cdot B_0$ 绕 B_0 旋进，在热平衡情况下，微观磁矩 μ 的旋进相位是随机分布的，故宏观量 M 在 X-Y 平面上的投影（横向分量）等于零，在 Z 轴上的投影（纵向分量）等于恒定值 M_0，即磁化强度各分量的平均值为

$$M_X = 0; \quad M_Y = 0; \quad M_Z = M_0 \tag{4}$$

当由于弱交变磁场 B_1 的作用而引起共振吸收时，则 M 偏离 Z 轴而在 X-Y 平面上的投影不等于零，即

$$M_X \neq 0; \quad M_Y \neq 0; \quad M_Z < M_0 \tag{5}$$

但共振吸收停止后，磁化强度 M 将会回复到原来的取向。通常把这种由于物质内部相互作用而引起非平衡态向平衡态恢复的过程称弛豫过程。

弛豫过程的机制比较复杂，但可简单地在宏观运动方程中引入两个时间常数来描述其规律。假设 M_Z 分量和 M_X、M_Y 分量向平均值恢复的速度与它们偏离平衡值的大小成正比，则这些分量对时间的导数可写为

$$\frac{dM_Z}{dt} = -\frac{(M_Z - M_0)}{T_1} \tag{6}$$

$$\frac{dM_X}{dt} = -\frac{M_X}{T_2} \tag{7}$$

$$dM_Y = -\frac{M_Y}{T_2} \tag{8}$$

等式右边的负号表示恢复平衡的过程是磁化强度偏离平衡位置变化的逆过程。式中的比例系数分别用 $\frac{1}{T_1}$ 和 $\frac{1}{T_2}$ 表示，则 T_1 和 T_2 具有时间的量纲。其中 T_1 是描述 M 的纵向分量 M_Z 恢复过程的时间常量，称纵向弛豫时间；T_2 是描述 M 的横向分量 M_X 和 M_Y 消失过程的时间常量，称横向弛豫时间。求方程⑥、方程⑦、方程⑧的解，并把 M_X 和 M_Y 合写为 $M_{X,Y}$，得

$$M_Z = M_0 \left(1 - e^{-t/T_1}\right) \tag{9}$$

$$M_{X,Y} = (M_{X,Y})_{\max} e^{-t/T_2} \tag{10}$$

可见 M_Z 和 $M_{X,Y}$ 恢复平衡过程服从指数规律，若弛豫作用强，则恢复平衡的时间短，T_1 和 T_2 数值小。通常 T_1 比 T_2 大，特别是固体，T_2 比 T_1 小得多。

由于 M_Z 的改变会使自旋系统的能量发生变化，对于共振吸收来说系统能量增加，这时跃迁到高能级的粒子与晶格相互作用，一部分能量变为晶格振动热能而经历无辐射跃迁回到低能级，故 T_1 又称自旋-晶格弛豫时间。对于 T_1 较大的样品，因恢复热平衡分布的时间长而容易饱和，在样品制备时需加入少量含顺磁离子的物质以减少 T_1。M_X 和 M_Y 二量的改变不会影响自旋系统的

能量，其消失过程是由于自旋磁矩之间交换能量，使它们的旋进相位趋于随机分布，故 T_2 又称自旋－自旋弛豫时间。

附录 V 平板剪切法检查光束的不平行度

若有一平晶，其表面完全平行，当一束光入射到平晶上时，由平晶第一表面和第二表面反射的光在重叠区域产生干涉条纹，如图 1 所示。

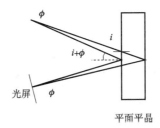

图 1 平板剪切法光路图

干涉条纹的间距由公式 $d = \dfrac{\lambda}{2\sin\dfrac{\varphi}{2}}$ 决定。因 φ 角很小，故 $\varphi = \dfrac{\lambda}{d}$。若入射光束的不平行度 φ 越小，则干涉条纹的间距 d 越大。当入射光为平行光时，$\varphi = 0$，则条纹间距 d 为无穷大，干涉场将一片明亮。实际上干涉条纹间距为 50 mm 左右时，光束的不平行度只有 $2''$ 左右，这已是较理想的平行光波了。因此，当用一块平行平晶放置在待检验的光路上，并用屏接收由平晶两表面反射的光斑，此时可见到干涉条纹。然后改变光束的不平行度，使条纹间距增大，当屏上只有 1～2 个条纹后，入射光束已被调成平行光。

附录 VI 复合光栅的制作

所谓复合光栅是指在同一张全息干板上拍摄的两个栅线平行但空间频率不同的光栅。复合光栅采用两次曝光法制作，第一次拍摄空间频率为 ν_1 的光栅

$$\nu_1 = \dfrac{2d\sin\dfrac{\theta}{2}}{\lambda} \tag{1}$$

然后将全息干板 H 在水平方向旋转一个微小角度 φ 到 H_1 的位置（如图 1），在同一干板上进行第二次曝光，则又得到另一空间频率为 ν_2 的光栅

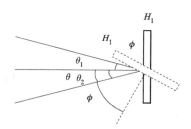

图 1　复合光栅制作原理图

$$\nu_2 = \frac{2d\sin\frac{\theta}{2}}{\lambda} \cdot \cos\varphi \tag{2}$$

如果两光栅的方向严格平行，则复合光栅的莫尔条纹的空间频率 ν_t 是 ν_1 和 ν_2 的差额，即

$$\nu_t = \Delta\nu = |\nu_1 - \nu_2| = \nu_1(1 - \cos\varphi) \tag{3}$$

可由 ν_1 和 $\Delta\nu$ 来计算干板应转动的角度 φ。

附　表

附表 I　物理基本常数

物理量	符号	数值	单位
真空中的光速	c	2.99792458×10^{8}	$m \cdot s^{-1}$
真空中的磁导率	μ_0	$12.56370614 \times 10^{-7}$	$H \cdot m^{-1}$
真空中的介电常数	ε_0	$8.854187817 \times 10^{-12}$	$F \cdot m^{-1}$
万有引力常数	G	$6.67259(85) \times 10^{-11}$	$N \cdot m^2 \cdot kg^{-2}$
普朗克常数	h	$6.6260755(40) \times 10^{-34}$	$J \cdot s$
基本电荷	e	$1.60217733(49) \times 10^{-19}$	C
电子静止质量	m_e	$9.1093897(54) \times 10^{-31}$	kg
电子荷质比	e/m_e	$-1.75881962(53) \times 10^{-11}$	$C \cdot kg^{-1}$
质子质量	m_p	$1.6726231(10) \times 10^{-27}$	kg
里德伯常数	R_∞	$1.0973731534(13) \times 10^{7}$	m^{-1}
阿伏伽德罗常数	N_A	$6.0221367(36) \times 10^{23}$	mol^{-1}
摩尔气体常数	R	$8.314510(70)$	$J \cdot mol^{-1} \cdot K^{-1}$
玻耳兹曼常数	k	$1.38658(12) \times 10^{-23}$	$J \cdot K^{-1}$
理想气体摩尔体积（标准状态下）	V_m	$22.414110(29)$	$L \cdot mol^{-1}$
标准大气压	P_0	1.01325×10^{5}	Pa
冰点绝对温度	T_0	273.15	K
热功当量	J	4.186	$J \cdot cal^{-1}$
干燥空气密度（标准状态下）	$\rho_{空气}$	1.293	$kg \cdot m^{-3}$

续表

物理量	符号	数值	单位
圆周率	π	3.14 159 265	
自然对数底	e	2.71 828 183	
对数变换因子	Log$_e$10	2.3 258 509	

附表Ⅱ 历届诺贝尔物理学奖获得者

时间	姓名	国籍	主要贡献
1901	W·K·伦琴	德国	发现X射线
1902	H·A·洛伦兹	荷兰	皮特·塞曼（1865—1943）、亨德力克·安顿·洛伦兹共同发现磁场对光的塞曼效应
	P·塞曼		
1903	A·H·贝克勒尔	法国	皮埃尔·居里（1859—1906）、玛丽·居里（186—1934）、安特瓦奴·安利·贝克勒尔共同发现天然铀元素的放射性现象和对镭的研究
	P·居里		
	M·居里		
1904	L·瑞利	英国	气体密度的研究和氩的发现
1905	P·勒钠德	德国	阴极射线特性的研究
1906	J·J汤姆森	英国	通过气体电传导性的研究，测出电子的电荷与质量的比值
1907	A·A迈克耳孙	美国	创造精密的光学仪器和用以进行光谱学度量学的研究，并精确测出光速
1908	G·里普曼	法国	发明应用干涉现象的天然彩色摄影技术
1909	G·马可尼	意大利	发明无线电极及其对无线电通讯发展做出的贡献
	C·F·布劳恩	德国	
1910	J·D·范德瓦耳斯	荷兰	对气体和液体状态方程的研究
1911	W·维恩	德国	热辐射定律的导出和研究
1912	N·G·达伦	瑞典	N·G·达伦发明点燃航标灯和浮标灯的瓦斯自动调节器
1913	H·K·欧奈斯	荷兰	在低温下研究物质的性质并制成液态氦

续表

时间	姓名	国籍	主要贡献
1914	M·V·劳厄	德国	发现 X 射线通过晶体时的衍射现象,既用于测定 X 射线的波长又证明了晶体的原子点阵结构
1915	W·H·布拉格	英国	W·H·布拉格(Bragg Sir William Henry)和W·L·布拉格(Bragg Sir William L.)用 X 射线分析晶体结构
	W·L·布拉格		
1916	未发奖		
1917	C·G·巴克拉	英国	发现标识元素的次级伦琴辐射
1918	M·V·普朗克	德国	研究辐射的量子理论,发现基本量子,提出能量量子化的假设,解释了电磁辐射的经验定律
1919	J·斯塔克	德国	发现阴极射线中的多普勒效应和原子光谱线在电场中的分裂
1920	C·E·吉洛姆	法国	发现镍钢合金的反常性以及在精密仪器中的应用
1921	A·爱因斯坦	德国	A·爱因斯坦(Albert.Einstein)对现物理方面的贡献,特别是阐明光电效应的定律
1922	N·玻尔	丹麦	N·玻尔成功地建立了氢原子模型,并将量子力学的概念与原子的玻尔模型联系起来,取得了巨大的成功
1923	R·A·密立根	美国	研究电子的电荷测定和光电效应,通过油滴实验测量出电荷的最小单位
1924	K·M·G·西格班	瑞典	X 射线光谱学方面的发现和研究
1925	J·弗兰克	德国	提出电子撞击原子时出现的规律性
	G·L·赫兹		
1926	J·B·佩林	法国	研究物质分裂结构,并发现沉积作用的平衡
1927	A·H·康普顿	美国	A·H·康普顿(Compton,Arthur H.)发现原子 X 射线散射的康普顿效应
	C·T·R·威尔逊	英国	发明用云室观察带电粒子,使带电粒子的径迹变为可见
1928	O·W·里查森	英国	高温物体中的热离子效应和电子发射方面的研究

续表

时间	姓名	国籍	主要贡献
1929	L·V·德布罗意	法国	L·V·德布罗意在电子波动性的理论研究方面取得了巨大成就
1930	C·V·拉曼	印度	研究光的散射并发现分子辐射的拉曼效应
1931	未发奖		
1932	W·海森堡	德国	创立了量子力学,并导致氢的同位素的发现
1933	E·薛定谔	奥地利	P·A·M·狄拉克对量子力学的发展做出重大贡献,并预言正电子的存在
1933	P·A·M·狄拉克	英国	
1934	未发奖		
1935	J·查德威克	英国	发现中子
1936	V·F 赫斯	奥地利	发现宇宙射线
1936	C·D·安德孙	美国	C·D·安德孙发现正电子
1937	C·J·戴维森	美国	C·J·戴维森通过实验发现晶体对电子的衍射作用而分享了1937年诺贝尔奖
1937	G·P·汤姆森	英国	通过实验发现受电子照射的晶体中的干涉现象
1938	E·费米	意大利	E·费米发现超铀放射性元素和慢中子引起的核反应
1939	F·O·劳伦斯	美国	研制回旋加速器以及利用它所取得的成果,特别是有关人工放射性元素的研究
1940	未发奖		
1941	未发奖		
1942	未发奖		
1943	O·斯特恩	美国	电子研究中的分子射束方法和质子磁矩的测定
1944	I·I·拉比	美国	原子核磁性的记录
1945	W·泡利	奥地利	发现电子不相容原理
1946	P·W·布里奇曼	美国	研制高压装置并创立了超高压物理
1947	E·V·阿普顿	英国	发现电离层中反射无线电波的阿普顿层
1948	P·M·S·布莱克	英国	宇宙射线领域的一系列发现
1949	汤川秀树	日本	发现介子

续表

时间	姓名	国籍	主要贡献
1950	S·F·鲍威尔	英国	研究原子核照相法及有关介子的一系列发现
1951	J·D·科克洛夫	英国	利用人工加速粒子进行原子核蜕变研究
	E·T·S·沃尔顿	爱尔兰	
1952	E·M·珀塞尔	美国	核磁精密测量新方法的发现
	F·布劳克	美国	
1953	F·泽尔尼克	荷兰	论证相衬法,特别是研制相差显微镜
1954	M·玻恩	德国	对量子力学的基础研究,特别是量子力学中波函数的统计解释
	W·W·G·玻西	德国	符合法的提出及分析宇宙辐射
1955	P·库什	美国	精密测定电子磁矩
	W·E·兰姆	美国	发现氢光谱的精细结构
1956	W·肖克莱	美国	研究半导体并发明晶体管
	W·H·布拉坦	美国	
	J·巴丁	美国	
1957	李政道	美国	李政道、杨振宁(华裔美国人)否定了弱相互作用下的宇称守恒定律,使基本粒子研究获重大进展
	杨振宁	美国	
1958	P·A·切连柯夫	苏联	发现并解释切连柯夫效应(高速带电粒子在透明物质中传递时放出蓝光的现象)
	I·M·弗兰克		
	I·Y·塔姆		
1959	E·西格里	美国	发现反质子
	O·张伯伦	美国	
1960	D·A·格拉塞尔	美国	发明气泡室
1961	R·霍夫斯塔特	美国	由高能电子散射研究原子核的结构
	R·L·穆斯堡尔	德国	研究 γ 射线的无反冲共振吸收和发现穆斯堡效应
1962	L·D·朗道	苏联	研究凝聚态物质的理论,特别是液氦的研究
1963	E·P·维格纳	美国	原子核和基本粒子理论的研究,特别是发现和应用对称性基本原理方面的贡献
	M·G·梅耶	美国	发现原子核结构壳层模型理论,成功地解释原子核的长周期和其他幻数性质的问题
	J·H·D·詹森	德国	

续表

时间	姓名	国籍	主要贡献
1964	C·H·汤斯	美国	在量子电子学领域中的基础研究，导致了根据微波激射器和激光器的原理构成振荡器和放大器
	N·G·巴索夫	苏联	用于产生激光光束的振荡器和放大器的研究工作
	A·M·普洛霍罗夫	苏联	在量子电子学中的研究工作导致微波激射器和激光器的制作
1965	R·P·费曼	美国	在量子电动力学领域的研究取得了巨大进展
	J·S·施温格		
	朝永振一郎	日本	
1966	F·A·卡斯特勒	法国	发现了用光学方法研究原子的能级的新途径
1967	H·A·贝特	美国	恒星能量的理论研究
1968	L·W·阿尔瓦列兹	美国	对基本粒子物理学的决定性的贡献，特别是通过发展氢气泡室和数据分析技术而发现许多共振态
1969	M·盖尔曼	美国	关于基本粒子的分类和相互作用的发现，提出"夸克"粒子理论
1970	H·O·G·阿尔文	瑞典	磁流体力学的基础研究和发现并在等离子体物理中找到广泛应用
	L·E·F·尼尔	法国	反铁磁性和铁氧体磁性的基本研究和发现，这在固体物理中具有重要的应用
1971	D·盖博	英国	全息摄影技术的发明及发展
1972	J·巴丁	美国	提出库珀电子对和BCS理论的超导性理论
	L·N·库珀		
	J·R·斯里弗		
1973	B·D·约瑟夫森	英国	关于固体中隧道效应的发现，从理论上预言了超导电流能够通过隧道阻挡层的效应（即约瑟夫森效应）
	江崎岭于奈	日本	从实验上证实了半导体中的隧道效应
	I·迦福尔	美国	

续表

时间	姓名	国籍	主要贡献
1974	M·赖尔	英国	研究射电天文学,尤其是孔径综合技术方面的发明与创造
	A·赫威斯	英国	射电天文学方面的先驱性研究,为脉冲星的发现创造了条件
1975	A·N·玻尔	丹麦	发现原子核中集体运动与粒子运动之间的联系,并在此基础上发展了原子核结构理论
	B·R·莫特尔森	丹麦	关于非球形原子核内部结构的研究
	L·J·雷恩瓦特	美国	
1976	B·里克特	美国	分别独立地发现了原子组成物质中的J粒子(Ψ粒子),其质量约为质子质量的三倍,寿命比共振态的寿命长上万倍
	丁肇中	美国	
1977	P·W·安德森	美国	对晶态与非晶态固体的电子结构做了基本的理论研究,提出"固态"物理理论
	J·H·范弗莱克	美国	磁性与不规则系统的电子结构的基本研究
	N·F·莫特	英国	
1978	A·A·彭泽斯	美国	3 K宇宙微波辐射背景的发现
	R·W·威尔孙	美国	
	P·L·卡皮查	苏联	建成液化氮的新装置,证实氮亚超流低温物理学
1979	S·L·格拉肖	美国	提出并建立了基本粒子间弱相互作用与电磁相互作用的统一理论,特别是预言弱中性流的存在
	S·温伯格	美国	
	A·L·萨拉姆	巴基斯坦	
1980	J·W·克罗宁	美国	发现在中性K介子的衰变过程中CP的不对称性
	V·L·菲奇	美国	
1981	N·布洛姆伯根	美国	激光光谱学与非线性光学的研究
	A·L·肖洛	美国	
	K·M·瑟巴	瑞典	高分辨电子能谱的研究
1982	K·G·威尔孙	美国	创立相变临界现象的理论
1983	S·钱德拉瑟卡尔	美国	因白矮星理论研究方面做出杰出贡献,提出了恒星结构及其演化理论
	W·福勒	美国	宇宙间化学元素形成方面的核反应的理论研究和实验

续表

时间	姓名	国籍	主要贡献
1984	C·鲁比亚	意大利	对弱相互作用的场粒子中间玻色子的发现所作的贡献
	S·范德米尔	荷兰	
1985	K·V·克利青	德国	发现了量子霍尔效应
1986	E·鲁斯卡	德国	电子物理领域的基础研究工作,设计并研制出世界上第一台电子显微镜
	G·宾尼	瑞士	设计出扫描式隧道效应显微镜
	H·罗雷尔	瑞士	
1987	J·G·柏诺兹	美国	最先成功的发现了新的高温超导材料
	K·A·穆勒	美国	
1988	L·M·莱德曼	美国	从事中微子波束工作及通过发现 μ 介子中微子从而对轻粒子对称结构进行论证
	M·施瓦茨	美国	
	J·斯坦伯格	英国	
1989	N·F·拉姆齐	美国	发明原子铯钟及设计出以振荡磁场刺激原子来探测原子能谱的技术
	W·泡利	德国	发明了捕获和观察单个原子和电子的方法
	H·G·杜密尔特	美国	
1990	J·弗里德曼	美国	发现了质子和中子中存在夸克的第一个实验证明
	H·肯德尔	美国	
	R·泰勒	加拿大	
1991	P·G·德詹尼斯	法国	超导、液晶、聚合物及其界面等材料科学方面的基础研究
1992	J·夏帕克	法国	对粒子探测器特别是多丝正比室的发明和发展
1993	J·泰勒	美国	发现一对脉冲星,质量为两个太阳的质量,而直径仅 10~30 km,故引力场极强,为引力波的存在提供了间接证据
	L·赫尔斯	美国	
1994	C·沙尔	美国	发展中子散射技术
	B·布罗克豪斯	加拿大	
1995	M·L·珀尔	美国	发现了 τ 轻子雷恩斯与 C·考温首次成功地观察到电子反中微子,在轻子研究方面的先驱性工作,为建立轻子-夸克层次上的物质结构图像做出了重大贡献
	F·雷恩斯	美国	

续表

时间	姓名	国籍	主要贡献
1996	D·M·李 D·D·奥谢罗夫 R·C·里查德森	美国	发现氦-3中的超流动性
1997	朱棣文 W·D·菲利浦斯	美国	激光冷却和捕陷原子
	C·C·塔诺季	法国	
1998	R·B·劳克林 H·L·斯特尔默 崔琦	美国	分数量子霍尔效应的发现
1999	H·霍夫特	荷兰	提出了关于亚原子粒子的结构和运动的理论
	M·韦尔特曼	荷兰	
2000	J·ST·C·凯尔比 H·克若莫 Z·I·阿尔费罗夫		微电子领域的研究和微芯片的制造
2001	E·康内尔 W·凯特雷 C·E·威曼		研究玻色-爱因斯坦气体方面取得成就
2002	里卡尔多·贾科尼 雷蒙德·戴维斯	美国	在"探测宇宙中微子"方面取得的成就，这一成就导致了中微子天文学的诞生
	小柴昌俊	日本	
2003	阿列克谢· 阿布里科索夫	俄、美	在超导体和超流体理论上作出的开创性贡献
	维塔利·金茨堡	俄罗斯	
2004	安东尼·莱格特	英、美	
	格罗斯·美波利策 维尔切克	美	粒子物理强相互作用理论中的渐近自由现象
2005	奥伊-格拉布尔	美	光学相关量子理论方面所取得的成就
	约翰-哈尔	美	光频滤波技术在内的激光精确波谱检查方面所取得的成就
	特奥多尔-汉什	德国	可改进GPS技术

续表

时间	姓名	国籍	主要贡献
2006	约翰·马瑟、乔治·斯穆特		发现了黑体形态和宇宙微波背景辐射的扰动现象
2007	阿尔贝·费尔	法国	先后独立发现了"巨磁电阻"效应
	彼得·格林贝格尔	德国	
2008	小林诚、益川敏、南部阳一郎	日本	发现了次原子物理的对称性自发破缺机制
2009	高锟	英籍华裔	在光学通信领域中光的传输的开创性成就
	韦拉德·博伊尔、乔治·史密斯	美国	发明了成像半导体电路——电荷耦合器件图像传感器CCD
2010	安德烈·盖姆、康斯坦丁·诺沃肖洛夫	俄罗斯	在二维空间材料石墨烯的突破性实验
2011	萨尔·波尔马特亚当·里斯因	美国	通过观测遥远超新星发现宇宙的加速膨胀
	布莱恩·施密特	澳大利亚	
2012	沙吉·哈罗彻	法国	发现测量和操控单个量子系统的突破性实验方法
	大卫·温兰德	美国	
2013	弗朗索瓦·恩格勒	比利时	希格斯玻色子(上帝粒子)的理论预言
	彼得·希格斯	英国	

参 考 文 献

[1] 肖明耀．误差理论与应用［M］．北京：计量出版社，1985．
[2] 章立源，张金龙．超导物理［M］．北京：电子工业出版社，1987．
[3] 李大年．微波原理与技术［M］．北京：北京师范大学出版社，1994．
[4] 高学颜．近代物理实验［M］．济南：山东大学出版社，1989．
[5] 董树义．微波测量［M］．北京：国防工业出版社，1985．
[6] 吕斯骅，朱印康．近代物理实验技术［M］．北京：高等教育出版社，1991．
[7] 汤世贤．微波测量［M］．北京：国防工业出版社，1981．
[8] 黄胜涛．固体 X 射线学［M］．北京：高等教育出版社，1985．
[9] 何崇智．X 射线衍射实验技术［M］．上海：上海科学技术出版社，1988．
[10] 宋菲君．近代光学信息处理［M］．北京：北京大学出版社，1998．
[11] 于美文．光全息学及其应用［M］．北京：北京理工大学出版社，1996．
[12] 朱自强等．现代光学教程［M］．成都：四川大学出版社，1990．
[13] 邹英华．激光物理学［M］．北京：北京大学出版社，1991．
[14] 李连波．放射卫生防护［M］．济南：黄河出版社，1998．
[15] 杨福家．原子物理学［M］．第二版．北京：高等教育出版社，1990．
[16] 沈致远．微波技术［M］．北京：国防工业出版社，1980．
[17] 廖承恩．微波技术基础［M］．北京：国防工业出版社，1984．
[18] 戴道宣，戴乐山．近代物理实验［M］．第二版．北京：高等教育出版社，2006．
[19] 江剑平．半导体激光器［M］．北京：电子工业出版社，2000．
[20] 吴思诚，王祖铨．近代物理实验［M］．第三版．北京：高等教育出版社，2005．
[21] 冯蕴深．核磁共振原理［M］．北京：高等教育出版社，1992．
[22] 林木欣．近代物理实验［M］．广州：广东教育出版社，1994．
[23] 高铁军，朱俊孔．近代物理实验［M］．济南：山东大学出版社，2000．